ワタが世界を変える

衣の自給について考えよう

田畑健

地湧《ちゆう》社

思想編
誰もが飢えることのない社会へ

はじめに

小さな桃のような形のワタの実＝コットンボールがはじけると、ふわふわの白いワタが顔をのぞかせます。よく晴れた秋の日、実からあふれて垂れ下がるほどになったワタをひとつずつ摘んでいると、そのあたたかくてやわらかな手ざわりに思わず頬がゆるみます。ワタはさわって気持ちいいし、第一うつくしい。とくに日本綿（和綿）は繊維を明かりにかざしてみるとキラキラ輝いていて、ほんとうにきれいです。

もともと日本には日本原種のワタがありました。東北以南の農家では副業としてワタを育て、収穫したワタから布団をつくったり、糸を紡いで布を織り衣服をつくったりして、明治の半ば頃まで綿製品は一〇〇パーセント自給されていたのです。日本綿はよく湿気を吸い、しっかりした繊維の感触があって、日本の風土によく合っています。日本綿でつくった布団は日に干すとパンパンにふくらんで、そのあたたかさといったら格別です。軽すぎず、しっかり身体を包んでくれて、冬の朝など布団から出たくなくなるほどです。羽毛布団にも決して引けは取りません。

私がワタに興味を持ち、日本棉の栽培を始めたのは今から三〇年ほど前のことです。八〇年代前半、日本経済がバブルに向かうなか、長い間日本人が守り育ててきた日本棉は、安価で大量に輸入される外国のワタに取って代わられ、すでにほとんど栽培されなくなっていました。自給率はゼロです。そんな状況でワタと出会った私は、日本のワタのあたたかくてやわらかい感触に何かとても大切なものを感じたのでした。

ワタに出会ったことがきっかけで、東京から千葉県の南房総・鴨川の山あいに家族で移り住みました。自然卵の養鶏で生計を立てながら、畑で野菜をつくり、日本棉を栽培しています（田んぼも二〇年やりましたが、腰を痛めてからはやめています）。糸を紡いで布を織ったりワタで布団をつくったり、家は大工さんの手伝いをしながら一緒につくり、衣食住の自給をめざして暮らしてきました。

「衣食住」は人間生活の基本です。このうち、動物と違って人間だけが必要としているのが衣です。だから「衣食住」というように最初に「衣」が来るのでしょうか、「衣」には人間生活にとって深くて重要なテーマがあると思います。

私がワタに関わりつづける原動力となった言葉があります。

「ワタが世界を変えた」

これは私の最初のワタの師匠ともいうべき方の言葉なのですが、ワタの探求を始めたばかりの頃はどういう意味なのかさっぱりわかりませんでした。しかし、これは決して誇張でも比喩でもなかったことが、のちによく理解できるようになりました。

二五年前、私はインドでガンジー思想を実践する人びとに出会い、そこで「チャルカ」と呼ばれる糸車に託したガンジーの思いを知りました。ガンジーはインド独立の父として知られていますが、ガンジーが闘っていた相手は実はイギリスではなく、イギリスがもたらした近代機械文明だったのです。

一八世紀半ばにおこったイギリスの産業革命は綿工業の大型機械化から始まっています。それまで手工業だった衣の生産が機械化されて、「衣」の大量生産が可能となったことで、同時に大量の原料と大きな市場が必要になりました。そこから今日のような工業化社会の経済構造ができあがっていきます。ヨーロッパの片隅の、たいして大きくもない島国であるイギリスで発明された機械が世界を塗り替えてしまったのです。現代社会を色濃くおおっている貧困や飢餓、経済格差、環境破壊、戦争や紛争などの諸問題の根をたどると、イギリス産業革命に端を発していることがわかります。まさに「ワタが世界を変えた」といえるのではないでしょうか。

機械文明がこのような災厄をもたらすことを、ガンジーはすでに二〇世紀初頭から見抜いていました。生きるために必要な物の生産を大型機械にゆだねてしまったことがインドの不幸の原因だとして、生産手段を自分たちの手に取り戻すための闘いをつづけたのです。

そのシンボルが「チャルカ」でした。ガンジーの率いたインド独立運動の推進役となった国民会議派の旗には、その中央にはっきりとチャルカの絵柄が描かれていました。ガンジーの思想は非暴力主義や不服従運動などが有名ですが、私はチャルカの思想を抜きにガンジーを語ることはできないと考えています。チャルカを回して糸を紡ぐことは、自分の手足を正しく使ってすべての生命・自然との共存をはかることであり、それこそが非暴力に通じる実践だったのです。ガンジーは、いってみれば「ワタを紡ぐことで世界を変えようとした」のだと思います。

しかしガンジーが力を込めて説いたチャルカの思想は、日本でもインドでも一般にその意味（意義）が正しく伝えられてきませんでした。

現代の世界はガンジーが危惧したとおり、ますます混迷を深めています。生きていくのに必要なものを、他人の手にゆだねず、自然の恵みにあずかりながら自分の手足を使って得るという暮らし方が、今ほど大事になっている時代はないと私は考えています。遠回りのように見えても、誰もが安心して生きられる社会をつくっていくためのもっとも手堅くて現実的な方法がこれだ、と私は思いつづけてきました。

私はこの二〇年あまり、日本棉の栽培や糸紡ぎ、機織りなどワタのワークショップを数多く開いてきました。ワタのあたたかさや気持ちよさを直接味わい、自分の手で衣をつくり出すことのよろこびを実感しながら、ワタを日々の暮らしのあり方、社会のあり方を考えるきっかけにしてほしいからです。今ではワタの栽培や糸紡ぎを実践している仲間が各地に広がっています。「衣」という生活の基本を自分の手に取り戻す人が増えていくことで、必ずや世界は変わっていくのだと私は確信しています。

本書は〈思想編〉と〈技術編〉の二部構成になっています。〈思想編〉では、なぜ今「ワタ」が大事なのかを、その歴史的社会的背景を含めて述べます。〈技術編〉では「にっぽんのワタを紡ぐ」と題して、私がこの三十年来まなび実践してきたワタ栽培から糸紡ぎ、機織りの基本までの工程すべてを解説しました。写真・イラストをたくさん使ってなるべくわかりやすく解説したのですが、これとは別に映像によるテキスト（DVD『わたつくりから糸紡ぎ・はた織り』鴨川和棉《わめん》農園発行）もありますので、活用してください。

一人でも多くの人に、特に環境問題や戦争と平和の問題に関心のある人、自給的な農的暮らしをめざしている人にはぜひ、この思想編・技術編を合わせ読み、物づくりの大切さ、その意味の深さについて、頭と身体を使って体感していただきたいと願っています。

田畑健

二〇一三年一二月一九日

〈思想編〉誰もが飢えることのない社会へ　目次

プロローグ

ワタとの出会い

——人間らしい生活って何だろう

✳町工場で考えたこと

私がワタと出会ったのは八〇年代初めのことです。その頃私は自動車部品工場で働いていました。大学では社会福祉を学んでいたのですが、貧困問題をテーマに、今と違って劣悪だった生活保護の問題に取り組む学生運動に打ち込むうち、福祉の枠組みの中でこの問題を解決しようとすることに限界を感じるようになりました。手当や給付金を増やすことで貧困問題は解決するのだろうか？　働いてもなお生活に困るという状況をこそ変えていかねばならないのではないだろうか？　そんな疑問がふくらんでいったのです。

当時、私は社会主義思想に夢を持っていました。みんなが豊かになるためには、労働者こそが主役となって、生産力を高め、その利益をみんなで平等に分けること、それが世界から貧困をなくす基本的な方法で、この理想を実現すればみんなが幸福になれると信じていたのです。社会主義思想の理想と現実のギャップを埋めるために、自分が一労働者となって現場の中で少しでも状況を変えていこうと決心し、大学在学中に東京の下町の町工場で労働者として働きはじめました。

折りしも急速に合理化が進んだ時代、やがて私は機械の改良を進める部門を担当することになりました。機械の効率が上がればその分人手が必要なくなります。工場では身体障害のある人たちが何人か働いていましたが、彼らは最新の機械のスピードにはついていけません。「障害者」※や高齢者から首を切られていくという現実がありました。労働組合では「合理化反対」「首切り反対」を叫びながら、会社の要求に応えて機械の効率を上げれば上げるほど人手が要らなくなってしまうというジレンマをいつも抱えていました。また、機械を一時も止めないで操業するために三交代勤務体制がとられ、夜勤などの不規則勤務を強いられて、私自身体調を崩すことがしばしばでした。機械が物をつくり出す能率を上げることが労働者の幸せにつながるわけではないということを、日々感じることになっていったのです。

※「障害者」:肉体的にも精神的にもまったく健全であるといえる人はめったにいない。障害者とはいわば今の社会のペースについていけない人。その企業の仕組みの中で利益を出せるか出せないかで、そのつど「この人は『障害者』、この人は『健全者』」と振りわけられ決められていくことになる。

✺ワタのあたたかさにふれて

当時は東京の狭いアパートで、今は亡き妻と幼い子どもたちの家族五人で暮らしていました。子どもたちはぜんそく持ちで、風邪をこじらせて救急車で病院まで運んでもらったことも何度かありました。この空気の悪い東京にこのまま住みつづけて、それで子どもたちは幸せに生きていけるのだろうか？　そんな疑問が時おり頭をかすめていました。そして、労働運動でよりよい生活、より高い給料を勝ち取ろうと日々奮闘している自分、子どもたちが大きくなってきたらもう少し大きな家を買うために、ローンを組まなければ…と将来を思い描いている自分がだんだん見えてきたのです。

ワタに出会ったのはそんな頃でした。子どもの見舞いによく来てくれていた母が、ある日ひと枝のワタのドライフラワーを持ってきてくれたのです。はじけかけた実からふわふわの白いかたまりがのぞいていて、ワタがそんなふうに枝になっているのを見るのは初めてでした。さわってみるとやわらかく、何ともいえないあたたかさが伝わってきて、その感触に何かとてもほっとしたことをよく覚えています。

と同時に「はて?」と思ったのです。いったいどうやったら、このふわふわのワタが自分たちの着ているような服になるのだろうか？　まったく想像もつきませんでした。そんなことは今まで考えたこともなかったのです。押し入れには、もらい物の子どもたちの服を入れた段ボール箱が何箱もありました。子どもの服も大人の服も安く手に入り、そして家の中で服はありあまっている。その服がどこでどうやってできているかを自分は考えたこともなかった。人間の生活の原点である「衣食住」のことを自分は何も知らないまま労働運動をしていたのかと、愕然としました。自分は人間のことも社会のことも、実は何もわかっていなかったのだと、このワタのドライフラワーを見ていて気がついたのです。

✺人間らしい生活って何だろう

「もっと人間らしい生活を！」と、私は会社に対してずっと要求しつづけてきました。要求の内容は労働時間の短縮とか賃金の引き上げなどで、それが目の前の目標でした。では、仮に労働条件が改善されれば、それで人間らしい生活になるのか？　そもそも「人間らしい生活」とは何だろう？　人間らしい暮らしは、人手を省いて効率を上げるような仕事とはもっと別のところにあるのではないだろうか？　そんなふうに労働運動への疑問がだんだん大きくなっていったのです。とくに仲のよかった「障害者」のひとりが退職に追い込まれたのを機に、この生活はもう辞めようと決心しました。

一方、妻はこのころ精神病院のケースワーカーとして働いていたのですが、彼女もまた自分の仕事に行き詰まっていました。病気がよくなっても社会に復帰できない人たちを目の当たりにしていたのです。精神病という病歴があるだけでアパートが借りられない、仕事につけない。元患者さんたちからそういった相談を受けるたびに、妻は一緒に悩みました。そんな元患者さんが立て続けに自殺してしまうというショッキングな出来事が、妻の悩みに追い打ちをかけることになりました。私が仕事を辞めたのと前後して妻もついに仕事を辞め、一緒に新しい生活を模索しはじめたのです。

結局、「労働」って何だったんだろう？　会社を辞める時に考えました。たとえば少し前の時代だったら「百姓」という仕事があたりまえにありました。百姓とは百の姓、つまり百のなりわいをもって生きていく人です。田畑で食べるものをつくったり、小屋をつくったり、燃料にするマキをつくったり、人間が生きていくうえで必要なものをつくります。働くことが生きることで、これは賃金と引き替えに働く「労働」とはまったく違います。私たちの願いは「百姓」のように働いて生きていくことでした。※

※「百姓」に対して「農業」という言葉は、自分や家族が食べるために野菜や米などをつくることに加えて、それらを売ってお金を得るためにつくる仕事を指す。

「衣食住」という人間生活のベースを自分たちの手に取り戻すことができれば、会社や工場に雇われなくても生きていけるはずだと私たちは考えました。必要最低限の衣食住をなるべく自分たちで創り出して、障害を持っている人たちや社会生活に復帰できないというような人たちと、「健常者」といわれる私たちとの共同生活の場をつくっていきたい、人間の暮らしの原点に立ち返って、自然の豊かな土地で自給自足の生活をめざそう、と夫婦の夢はふくらみました。

こうしてワタをきっかけに、私たちは田舎暮らしへと大きく舵を切ったのです。

I

ワタの話

——日本のワタと衣の現状を知る

✳ワタ栽培に取り組む

千葉県の南房総、鴨川の山あいにようやく土地を見つけて家族で移り住むことができたのは、会社をやめて三年あまりたった頃でした。田んぼや畑で自給用に野菜や米をつくり、生計の柱として自然卵養鶏を軌道に乗せ、そのかたわら念願のワタ栽培を始めました。ゆくゆくは収穫したワタから糸を紡ぎ、野良着ぐらいは自分たちの手でつくりたいと、よく妻と語り合ったものです。

ワタはアオイ科の一年草です。日本では五月に種をまくと、七、八月には五〇センチ以上になり、オクラやアオイの花と同じような黄色い花をつけ、実を結びます。これがコットンボールです。実は次第に成長し、九月に入ると徐々にはじけて中から白いワタが吹き出てきます。ワタの収穫の始まりです。一一月いっぱいぐらいまで、三、四日おきにワタを摘みます。

ワタを収穫すると、今度はワタを繊維と種に分ける「ワタ繰り」という作業をします。一つのコットンボールの中には二〇個以上の種があり、この種のまわりにワタの繊維がしっかりと付いているのです。重さにすると繊維が1／3で、種が2／3です。収穫したワタが一〇〇キログラムだとすると、そのうち繊維は三〇～三五キログラムで、種が六五～七〇キログラムぐらいということになります。

ちなみにワタは漢字では「綿」または「棉」と書きます。「木」へんの「棉」は植物としての状態のワタを指し、収穫された種付きのワタまでをこの字で表記します。なぜ「木」へんがついているかというと、棉はもともとは一年草ではなく、木だったからです。東南アジアでは三～四メートルにもなる多年生のワタの木がけっこう見られます。種を取り除いたあとの繊維としてのワタが「糸」へんの「綿」です。厳密にはこのような区別になりますが、本書では「ワタ」とカタカナ表記にして、「日本棉（和棉）」「綿製品」など「めん」と読む場合は区別した表記を使うことにします。

種を取り除いたあとは、繊維をほぐして均一にするための「ワタ打ち」という工程があります。さらに、ワタから糸を紡ぎやすくするために、ワタの繊維を丸めて棒状の形にして「篠《しの》」をつくります。

このような工程を経て、ようやく糸を紡ぐことになるわけですが、私がワタ栽培を始めた時には、こうした工程を含めて糸の紡ぎ方を教えてくれるような人はまわりに誰もいませんでした。野菜や米づくりは地元の古老に教えてもらい、家族で住む家は大工さんに手取り足取り教えてもらいながら一緒につくり、「食」「住」に関しては自給に少し近づくことができましたが、「衣」に関しては一筋縄ではいかなかったのです。八〇年代の当時、食の問題に取り組むグループはあちこちにできていて、農薬や食品添加物の問題など、食の現状に関心を持つ人が増えていました。有機農業の実践や産直運動もさかんになってきていた時期です。しかし衣のこととなると、私の知る限り関心を持つ人はほとんどいなかったのです。

それでは日本で今ワタはどのくらいつくられているのかと調べてみると、なんと自給率は〇パーセントでした。衣服も布団もその原材料のワタはすべて輸入でまかなわれていたのです。これは衝撃でした。食の自給率の低下や輸入食品の問題などは取りあげられているのに、衣に関してはまったく問題にも話題にもならないのはどうしてなんだろうと不思議でした。

実際その当時、日本の中でワタを栽培している人はすでに何人もいなかったのです。どこかでワタをつくっている人がいると聞けば訪ねていって、栽培の仕方やその後の糸に紡ぐまでの工程を教えてもらいました。沖縄や鳥取、特に関西方面がワタ作の本場だったので、関西へはよく出かけていったものです。

✳農家の蔵に糸車

地方を訪ね歩いていると、古い大きな農家の蔵の中で糸車や機織り機が見つかるのは珍しいことではありませんでした。それはたいてい「おばあちゃんのお母さん」の時代まで使われていたものでした。

その昔、日本では東北地方を北限として各地でワタが栽培されていたのです。多くの農家が自給用にワタを栽培し、布団にしたり、糸に紡いで布を織ったりしていました。機織りが上手でない女の人は嫁さんとしては喜ばれない、というような話がどこの農村でもあったそうです。換金作物として副業でワタを栽培をしていた農家もたくさんありました。しかし、ワタ栽培がすたれ、用をなさなくなった糸車や機織りの道具は解体され、物置でほこりをかぶっていたのです。

ワタの種を取る「ワタ繰り」の道具は古道具屋などで比較的たやすく手に入れることができました。昔はだいたいどこの農家にもあったもので、使い方もコツさえ覚えれば簡単です。けれども、その次の工程であるワタ打ちについてはなかなかわからなくて苦労しました。ワタを打ってほぐすのに弓を使うので、「弓打ち」とも呼ばれます。弓はようやく古道具屋で見つけ、あとは博物館で複製させてもらって自分でつくったりもしましたが、正確な使い方が長い間わかりませんでした。

昔（明治末期ぐらいまで）の布団屋さんにはどこの店でもワタ打ち専門の職人がいたそうです。そもそも布団屋さんは「わた屋さん」と呼ばれていて、そのおもな仕事は農家から持ち込まれた新しいワタを打つか、古いワタの打ち直しをすることだったのです。布団つくりは各家庭での主婦の仕事でした。私が調べはじめた時にはすでに現役でワタ打ちの仕事をしている職人はおらず、話をしてもらえる人がかろうじて一人いるかいないか、という状態でした。

✺ワタの種をまく人

ワタをめぐっていろいろな人に出会ううちに、ワタの世界は奥が深いことを徐々に知るようになっていったのですが、中でも鹿児島でワタの栽培をしていたYさんは私の最初のワタの師匠ともいうべき方です。その頃ワタの栽培や糸紡ぎをしていた人はたいてい染織を目的としていましたが、Yさんは世界中の激戦があった土地や聖地にワタの種をまいて歩いていました。ワタの種をまくことで世界を浄化しながら平和を祈願しているというのです。当時すでに七〇を過ぎておられたでしょうか。若い頃は服飾デザイナーだったけれど、あるとき啓示を受けてワタを生涯のテーマにするようになったということでした。

初めて会った時、Yさんに問いかけられました。

「衣食住のうち、食と住は人間にも動物にも共通するけれど、衣服をまとわなければ生きていけなくなったのは人間だけです。なぜだと思いますか？」

答えに窮していると、Yさんはこう言いました。

「衣は寒さから身を守る役目もあるけれど、それだけではなくて、その人の考えや行動を表しますし、地位を表すこともあります。衣にはその人の生き方が込められているのです」

Yさんは衣を生きるための手段としてだけでなく、何かとても大きな視点でとらえていました。Yさんが口癖のようにおっしゃっていた言葉があります。

「ワタが世界を変えた」

日本人がワタをつくらなくなった時から、日本は独自の文化を失い、金儲け主義の世の中になってしまったと、Yさんは言います。正直なところ、その時の私にそれがどういう意味なのかほとんどわかりませんでした。でも、「ワタが世界を変えた」という言葉はずっと私の頭の奥にひっかかりつづけ、日本のワタがなぜすたれてしまったのかということを含めて、その歴史を調べはじめるきっかけとなったのです。

✷農村の日常風景だったワタづくり

日本にはもともと在来品種である日本棉があり、かつては数十種類の品種がありました。日本棉はしっかりとした肌触りがあって吸湿性のよい繊維で、日本の気候・風土に合っています。

日本にワタの種がもたらされたのは、古くは七九九年、三河国（愛知県）に漂着した崑崙人（インド人ともいわれる）によるという記録がありますが、この時の種は日本の気候風土には適したものでなかったらしく、日本には定着しませんでした。その後、一六世紀、室町時代の頃に中国大陸や朝鮮半島からもたらされたアジア在来棉が日本で栽培されるようになり、これが次第に各地に広がっていって「和棉」として定着したようです。

江戸時代に入ってワタの栽培は急速に広まりました。それまでの一般庶民の普段着の素材はおもに麻で、ほかに葛《くず》・藤《ふじ》・楮《こうぞ》・からむし等の植物の樹皮を繊維として用いたりしていました。一部の身分の高い人びとの衣服に絹（生糸）が用いられていました。ワタの衣服は麻などに比べ、糸にするまでの加工が容易なこと、格段に肌触りがよく、吸湿性、保温性にも優れていたため、庶民の衣料素材としてワタが主流となってきたのです。

江戸時代には米沢（山形県）、会津（福島県）、仙台（宮城県）あたりを北限として、それより南、特に大阪周辺では盛んに栽培されていました。元禄八（一六九五）年に刊行された宮崎安貞の『農業全書』には「河内、和泉　摂津　播磨　備後の国、風土肥饒なる所・是（棉）を植えて甚だ利潤あり、ゆえに五穀をさし置きても是を多くつくる所あり…」（河内は現在の大阪府の東部、和泉は南西部、摂津は大阪府北部から兵庫県にかけてのあたり、播磨は兵庫県、備後は広島県あたり）とあり、これらの地域ではワタは米づくりに匹敵するほどの大事な農業の柱となりました。

畑でワタを育て、糸を紡ぎハタを織ることは、農村の日常風景のひとつでした。衣を得るまでには多くの工程の手作業が必要なので、そのようにしてできた着物は大切な財産として、何世代にもわたって着継がれました。穴があいたらつぎを当て、それでも着られなくなったものは裂き織りにし、大切に最後まで使われたものでした。

✳なぜ、日本でワタがつくられなくなったのか？

このような衣やワタをめぐる状況が一変したのは、明治中期以降の産業革命の中で大型機械が登場してからのことです。織物を織る道具のことを「機（ハタ）」と呼ぶように、機械の「機」は「ハタ」とも読みます。「械」は広辞苑で調べると「からくり」とあります。機械はそれまでの手織り機《ばた》に「からくり」を加えたものを意味すると私は考えています。自動的にハタを織る仕組みの機械が登場し、大変手間のかかる作業だった布の生産が一転して大量に早くできるようになったのです。そして、原料のワタは国内で生産するより安い中国などから輸入するようになり、日本国内でのワタ作は次第に衰退していったのです。この過程をもう少し詳しく見ていきましょう。

二〇〇年以上続いた鎖国が終わって開国して以来、外国との貿易が盛んになりましたが、ずっと輸出額より輸入額のほうが多く、貿易赤字続きでした。輸入品の中でも特に綿製品の割合は多く、明治元年から五年の間に約三割を占めるようになっていました。

イギリス、アメリカ、フランスなどの先進工業国家に対抗して、明治政府は「富国強兵（国家の経済を発展させて軍事力の強化をはかる）」「殖産興業（産業、資本主義育成により国家の近代化を推進する）」というスローガンを掲げて近代的機械工業を導入し、これらの列強国に追いつこうとしました。これが日本における近代化・産業革命の始まりで、その推進役を担ったのが繊維産業です。

最初に機械化に成功したのは生糸工業(絹糸の生産)で、紡績工業(綿糸の生産)は明治一五(一八八二)年の大阪紡績(のちの東洋紡績)創業によって本格化しました。蒸気機関を動力源とした一万錘《すい》規模の工場です。ちなみに、「錘」とは紡いだ糸を巻き取る心棒のことで、その数で工場の規模を表します。この工場は、昼夜一日二交代で二四時間稼働させて成功を収め、その後続々と大規模工場が建てられていきます。明治政府は原材料の確保に国内のワタ栽培を奨励し、その結果、毎年国産綿花の生産量は増えつづけていきました。

しかし、工場の規模に見合うだけの綿花の生産が国内だけでは追いつかなくなり、輸入綿花に頼るようになっていきました。輸入綿花は国産綿花より価格が安いうえに、繊維が長いために細い糸ができます。国産綿花は繊維が短いために太い糸になり、輸出産業としての紡績では細い糸のほうが圧倒的に需要があったのです。そして明治二九(一八九六)年、輸入綿花にかけられていた関税が撤廃されると輸入量はさらに増え、日本棉栽培の衰退は決定的になりました。明治一六(一八八三)年にはワタの自給率は九五パーセントだったのに、明治三〇(一八九七)年には実に七パーセントにまで急激に落ち込んでいます。

ところが第一次大戦中(一九一四〜一九一八)、そして第二次大戦中(一九三九〜一九四五)は原材料の綿花の輸入が途絶えたために、国の奨励によって日本棉の栽培が各地で復活しました。その頃ワタは米や野菜よりも金になる作物であったといいます。しかし、それも昭和三〇年代までのことでした。昭和三九（一九六四）年の東京オリンピックの頃になると高度経済成長、所得倍増のかけ声の中で、ワタはつくるより輸入したほうが安いということになり、またも日本棉はつくられなくなっていきます。そして、ついにワタの自給率は工業統計上〇パーセントとなってしまったのです。

昔から日本人は衣食住という人間生活に不可欠なものを得るために、さまざまな工夫を重ねてきて、それが文化伝統として大切に育まれ伝えられてきたのだと思います。しかし、衣に関してはこのわずか百数十年の間にその技術と共に文化伝統が失われ、日本棉の種子さえもが消えてなくなろうとしているのです（国の農業試験所で保存・維持されてきた種は、昭和二〇年代の終わりにはもはや必要なしとして廃棄されました）。

✺衣も「身土不二《しんどふじ》」

それでは今日本人が着ている服に使われているワタはどういうものなのでしょうか。

世界には、多くのワタの品種がありますが、大きくは「新大陸棉」と「旧大陸棉（アジア綿）」とに分けられます。新大陸棉は比較的繊維の長いもので、米棉やエジプト棉などがあります。旧大陸棉はインド棉や日本棉など繊維の短い品種です。新大陸棉は染色体の数が二六、旧大陸棉は一三と数が違うので（一般に）交配することはありません。

現在日本人が普段着用している綿製品の素材のほとんどは、米綿やエジプト綿などの新大陸綿です。ワタの品質の良し悪しは、一般に繊維が長いほど良いといわれ、特に糸にする（紡績）には米綿やエジプト綿などの新大陸綿が好まれます。繊維の短いアジア綿は紡績には向かないといわれています。たとえばエジプト綿（繊維の長さ二八〜三八ミリくらい）で紡いだ糸は、日本綿（繊維の長さ一五ミリ前後）より細い糸を紡ぐことができ、布にしたとき薄く繊細な高級服地として好まれるものができます。日本綿を含めて旧大陸綿（アジア綿）は衣料にはほとんど使われていません。しかし、日本綿は少し太めの糸なのでしっかりとした布になります。高温で湿度も低いエジプトでは、薄手の服の方が過ごしやすいのですが、日本では少し厚手で保湿性や吸湿性のよい衣服のほうが過ごしやすいといえます。日本綿は日本の気候風土に合っているのです。

生育の面では、米棉やエジプト棉などは、日本より高温・乾燥の気候の中でよく生育します。これを日本で栽培すると、木は生育するものの秋以降の低温下でコットンボールがうまくはじけず、腐ってしまうことが多いのですが、日本棉なら低温にも強く、霜に当たっても問題なくきれいにはじけます。また米棉などには葉巻き虫などの害虫が好んで寄ってくるので、害虫対策が必要になりますが、日本棉にはあまり虫がつかないので、まったくの無農薬でもなんとか栽培できます。それぞれの土地にその気候風土に適したワタがあるのだということです。

よく食の分野では「身土不二」といって、自分の住む近くでとれたものを食べるのが一番健康に良いといわれていますが、衣の分野でも同じことがいえるのではないでしょうか。また、適地適作ということも大事なことで、その土地の気候・風土に合った作物・品種を栽培することで自然に無理なく生活に必要なものが得られるのです。

✺ワタ栽培には大量の農薬が使われる

現在、世界中で栽培されているワタのほとんどが新大陸棉で、中でもアメリカで品種改良されたアップランド棉が世界の綿花の約九〇パーセント以上を占めています。他のエジプト棉などを含めると九五パーセント以上が新大陸棉であるといわれています。

しかし、先にも触れたように、これらの品種は栽培する時に虫がつきやすいので大量の農薬を必要とします。世界中の耕地面積のうち棉が占める割合はわずか二〜三パーセント程度なのですが、一九九〇年代にはそこに世界中の農薬使用量の一〇パーセント、殺虫剤に限ると二五パーセントが使われていたそうです。これは驚くべき数字です。近年は減少傾向にあるということですが[※]、他の作物に比べて使用の比率が高いことには変わりありません。害虫駆除だけでなく、収穫時には枯れ葉剤を使って葉を落としてから機械でいっきに摘み取るという方法がとられているため、農薬の使用量が非常に多くなっているのです。枯れ葉剤といえば、かつてベトナム戦争で米軍が化学兵器として使用していたことで有名です。ワタ栽培は特に収穫作業が大変で多くの人手が必要だったため、アメリカなどではかつてはそのためにアフリカから大勢の人びとを奴隷として連れてきて働かせていたわけですが、今では枯れ葉剤が人手に取って代わるようになったわけです。

※詳細は日本オーガニック・コットン協会理事長、日比暉氏によるレポート「綿花栽培に農薬はどれほど使われているのか?」(JOCA連載コラムvol.7)に詳しく書かれている。http://jocacolumn.exblog.jp/15365578/#15365578_1

日本棉はもともと日本の気候風土に合った品種なので、虫がつくことが少なく、農薬など使わなくても無理なく栽培できます。日本人が日本でつくることのできるワタを一切つくることなく、大量に輸入しているということは、それだけで環境にも大変な影響を与えているということです。

このようなワタ栽培の現実の中で、枯れ葉剤など化学農薬や化学肥料を使用しないで有機栽培されたオーガニックコットンが注目され、多くつくられるようになってきています。しかし比率からいえば、これは慣行栽培の一・一パーセント（二〇〇九〜二〇一〇年度）程度です。

✺現代日本人と「衣」

農家の人に日本棉の話をすると、「反収はいくらか?」「ワタは一キロいくらか?」と必ず聞かれます。輸入されるワタの値段は一キロ（種を取り除いた繊維だけの重さ）三〇〇円から七〇〇円ぐらいですが、日本で無農薬でワタをつくると、畑の費用や人件費などから計算して少なくとも一キロ二万円ぐらいになってしまいます。利益が出せないとわかると、そこで話は終わりです。結局お金にならないものは農家がつくらないし、企業もそんな高い原材料は使えないといいます。

しかし、日常的に身に付けている下着や服が、一〇〇パーセント輸入された素材でつくられている状況を「おかしい」と思わないのはおかしいし、日本人が日本のワタをつくって衣服にしたり布団にしたりして生活に活かしていく、それが仕事として成り立たない社会は「おかしい」と私は思います。

繊維産業は今は経産省の管轄ですが、衣の天然素材はワタも絹もワタ畑や桑畑があってはじめて得られていたわけで、大地から生み出される農産物です。ワタづくりは昔は農業の重要な柱でした。衣は農業の問題でもあるはずなのですが、そういう視点がどうも日本からは消えてしまっているようです。

日本では今、服がありあまっています。これは誰しも実感していることではないでしょうか。日本のワタの自給率はゼロだというのに、安い服が大量に出回り、着古した服、飽きて着なくなった服は捨てられるか、あるいはリサイクルに回されます。

リサイクル先の多くにパキスタンなどアジア・アフリカの原綿輸出国があります。それらの国でワタ栽培に従事している人びとは自ら栽培するワタのほとんどを日本など先進工業国に輸出し、それらの国から輸入された綿製品を買う立場に立たされています。しかも、現実にはその工業製品すら買えず、先進国の人びとが着古した中古衣料を買って着ているのです。

ワタの生産国の人びとは、ワタを自分たちのために使わず、お金のためにそれを売ってしまいます。そして、自分たちの伝統的な衣服があるにもかかわらず、安く買える日本人の着古したジャージなどを着て、それがおしゃれ着になっているというような現実があります。

ワタを生産しなくなった日本人は、自分たちに本当に合った衣服の原材料を放棄して、安いワタを買ってきます。布団は東京都では毎年粗大ゴミのトップであるといいます。生産国、消費国双方の国が表裏一体をなして自らの文化伝統を捨て去っているのです。こうした衣の現実に、現代社会の基本的な矛盾を見る思いがするのは私だけでしょうか？

II

ワタが世界を変えた

——イギリス産業革命を問い直す

日本人がワタをつくらなくなり、衣を自給しなくなったことについて、その背後の事情を調べていくと、一八世紀中頃におこったイギリスの産業革命にまでさかのぼることになります。産業革命は綿工業の機械化から始まっているのです。そこからやがて新しい産業のしくみがつくり出され、その後の世界を大きく変貌させていくことになります。なぜそんなことが可能だったのか、その結果世界に何が起こったのかをこの章で見ていきます。

✺産業革命は綿織物から始まった

イギリス産業革命のさきがけとなったのは、綿織物における道具の発明でした。織物は縦に何本も張った糸（経糸《たていと》）の間を横に糸（緯糸《よこいと》）を通すという作業を繰り返して織られていきます。緯糸を通すための道具を「杼《ひ》」といいますが、右から左へ、左から右へと両手を駆使して杼を通すのですから大変手間がかかります。この杼を簡単な操作で左右にとばすことができる装置を発明したのが、イギリス人のジョン・ケイです。飛杼《とびひ》と呼ばれたこの装置の発明によって、布を織る速度は約二倍になったといわれています。従来の手織機《ばた》の杼の部分だけの改良でしたが、これは画期的な発明でした。それが一七三三年のことです。

しかし、織りが速くできるようになると、今度は糸の生産が追いつきません。綿糸は当時農村の副業として糸車で手紡ぎされていたのですが、農繁期には農作業に追われて糸の生産ができないため、糸の不足で織工はしばしば仕事を休まざるをえなくなりました。

そこでリチャード・アークライトによって一七六八年に発明されたのが、ウォーターフレイムと呼ばれる水力を動力とする糸紡ぎ、紡績の機械です。それで糸が大量に生産されるようになった結果、今度は飛杼を備えただけの従来の手織機では織りのほうが間に合わなくなり、一七八五年、エドモンド・カートライトによって力織機（自動織機）が発明されました。一七六九年にはワットが蒸気機関を発明していましたから、すぐにこれが動力源としてとり入れられ、従来の手織機に比べて画期的な生産能力を発揮するようになりました。このように一八世紀のイギリスで、糸を紡ぐ機械と布を織る機械が競い合うようにして発達していったのです。

✺社会を変貌させた産業革命

こうした技術革新と共に、蒸気機関という動力源が発明されて石炭の利用が始まったことは、人類にとって重大な意味を持っていると思います。それまでの手工業における動力源は、牛馬や人力や水力といった身近な自然の資源でした。ところが、石炭は長いこと地下に眠っていた資源です。これを掘り出して利用することで、人間は自然の制約や限界を超えて物を生産する能力を持つようになったのです。このことがその後の人類に急速な経済発展をもたらし、社会のしくみを変えていくほどの人類史上非常に画期的な出来事となったのです。水力を動力源として使う場合には、工場は山あいの川辺につくる必要がありましたが、蒸気機関をとり入れたことによって、どこでも都合のよい場所に立地することができるようになり、その結果、工場は都市に集中するようになりました。

石炭業が盛んになり、石炭や原材料、製品、機械などを運ぶために鉄道が建設され、蒸気機関車も登場します。それに伴って機械の原材料を造る鉄鋼業も盛んになり、一連の機械を造るための機械工業も発展します。これが軽工業から重工業に移行していく過程です。イギリスで製造された機械は、やがてヨーロッパ、ロシア、アメリカなどへも輸出されるようになりました。

綿工業を中心に展開した産業革命は一九世紀後半には重工業段階に移行し、イギリスは「世界の工場」（workshop of the world）となって、綿製品のみならず機械や鉄道などの輸出においても世界をリードすることになっていきました。そして世界中の多くの国々を植民地として組み込む大英帝国になっていったのです。

機械の発明と大工場の出現は、それまでの農耕を基盤とした封建社会を一変させました。都市の工業を基盤にして、工場の経営者、産業資本家が社会経済、さらには政治の主導権を握るようになっていったのです。こうした動きが国外に広がってやがて先進工業諸国を生み出し、世界に資本主義社会をもたらしたのです。

その一方、機械化された大工場での低賃金、長時間労働、児童労働が社会問題となっていきました。それまでの手作業における熟練を必要とせず、また重労働ではないため、女性や一〇歳にも満たない子どもたちを低賃金で長時間働かせたり、また祖国を追われたアイルランドの人びとに過酷な労働を強いるなど労働条件の悪化が深刻になっていたのです。その中から労働運動が生まれ、社会主義思想が形成されていきました。

このように、イギリス産業革命は機械の発達をきっかけとして、イギリス一国にとどまらず世界の構造を変貌させていくこととなったのです。

✳なぜ「衣」だったのか?

イギリスはヨーロッパ大陸北西岸の小さな島国です。そこでの機械の発明が、これほどまでに世界的な規模でその後の社会を大きく塗り変えていくような影響力を持ったのはなぜでしょうか。機械の発明によって大幅に生産力が上がったということだけでは説明がつきません。

私は、イギリス産業革命が綿工業からスタートしたという事実こそ、次に挙げる二つの点で、その後の世界を変えていく決定的な要因になったと考えています。

一つには、それが人類にとって「衣」を得る手段・方法の機械化であったという点です。このことは、少しでも手紡ぎ手織りの体験をしたことがある人なら実感できることだと思いますが、手紡ぎ車を回して糸を紡ぎ、手織り機で布を織るというのは大変手間と時間のかかる作業です。人類は古来ひたすらその方法で、生活に必要不可欠な衣服を得てきました。だからこそ、衣服や布はどの国でもとても大切に扱われてきたのです。日本では昭和の中頃くらいまで、着物は大切な財産として代々受け継がれてきました。着古したものはツギをあてられて、最後には裂き織りにしてまで使われてきたのです。西欧でもボロボロの布を使えるところだけ切りとり、パッチワークなどにして再生使用してきました。

イギリス産業革命によって、この手紡ぎ、手織りという工程が大型機械に取って代わられ、衣が簡単に便利に得られるようになったことは、当時の世界の人びとにとって画期的な、まさに「革命的」な出来事だったのです。このことは、歴史を見れば納得できることです。その後イギリスに続いて出現した先進工業国のどの国も、近代化の始まりである産業革命を例外なく繊維工業からスタートさせているのです。日本の明治期の産業革命でも同様でした。衣を簡単に手に入れる手段の発明が近代機械文明の幕開けとなったのです。

✺なぜ「ワタ」だったのか

もう一つの要因は、機械によって大量につくられるようになった衣の原材料がワタであったという点です。

イギリスは寒冷気候のため、ワタの栽培ができません。にもかかわらず、なぜ綿工業がイギリス産業革命の推進役になったのでしょうか。

もともとイギリスで一般的な衣服といえば、羊毛からとれる毛織物でした。ヨーロッパの農業は家畜の飼育が盛んだったので、羊が生活の基盤にあり、羊の肉は食用にして、羊毛からは糸を紡ぎ毛織物にするという生活が長い間続いていました。衣類の素材としては他に麻があり、麻織物（リネン）がつくられていましたが、綿織物はイギリスの地にはなかったものです。

しかし、大工場が大量に必要とする原材料を自国の羊毛ではとてもまかなうことはできませんし、羊毛を利用するのは寒冷の国の人びとに限られていたので、大きな市場がありません。

では、なぜイギリスでは栽培できず、もともとは需要もなかったワタが、伝統的産業であった毛織物に代わって登場し、イギリス産業革命の推進役を担うことになったのでしょうか？　綿工業の機械を競って発明し、イギリス国内の需要を大幅に上回る大量の綿製品をつくる必要がどこにあったのでしょうか。

それは外国との貿易に必要だったのです。綿製品は世界中のどんな気候にも通用する「世界商品」でした。原材料を輸入し、それを国内で加工・製造し、できあがった製品を輸出する貿易を「加工貿易」といいますが、イギリス産業革命における綿工業はその典型的なしくみを持っていました。

原材料のワタは他国から安く輸入します。それを糸にする紡績や、衣服などに製品化するまでの加工は自国で大量生産によって低コストでおこないます。できあがった大量の綿製品は輸出するわけですが、他国に強引なやり方で綿製品の需要をつくりだし、大きな市場を確保することで、きわめて大きな利潤を得ていたのです。

ちなみにイギリス国内でつくられた綿製品のうち輸出にまわされる比率は一八八〇年代には七〇パーセントにのぼり、加工貿易による付加価値率（製品の売上高から原料の綿花代金を引いた利潤の占める割合、いわゆる「もうけ」の部分）は、一九世紀の前半では平均七五パーセントにも及んでいました。

このようにイギリス産業革命における綿産業は、「原料を国外から得ること」「国外に市場をつくって売ること」という二つの側面を持っており、もともとイギリス一国だけで成り立つシステムではなかったのです。これはとても重要なことです。私たちの生きている現代社会を形づくってきた工業化社会・資本主義社会の基本的な構造はここに始まっているのです。

このような加工貿易のシステムを成り立たせるためにイギリスは、どのようにして安く大量に得られる原材料を確保したのか、どのようにして大量の製品を高く売りつけることのできる巨大なマーケットを得たのか、このしくみをもう少し詳しく見ていきたいと思います。

✺原料供給を支えた奴隷制

大量生産に必要な原綿をイギリスはどのように確保していたのでしょうか。それは「奴隷制」です。

イギリスへの原綿供給は、一貫して奴隷制によるプランテーションでの大規模綿花栽培によって支えられていました。

当初、イギリス綿工業の原材料である原綿の六〇～七五パーセントは西インド諸島（南北アメリカ大陸に挟まれたカリブ海の島々）から得ていました。イギリスは西アフリカから奴隷を輸入して、西インド諸島の綿花プランテーションで働かせ、そこで栽培・収穫された綿花を非常に安い値段で輸入して自国で加工し、西アフリカに輸出していたのです。いわゆる「三角貿易」です。その鍵を握っていたのが奴隷貿易です。

奴隷貿易を最初に始めたのはスペイン、ポルトガルでした。アフリカ西海岸から船に乗せられたアフリカ人たちは、主として西インド諸島へ砂糖・タバコ・綿花・藍・コーヒーなどを栽培する労働力として売買されました。当時ヨーロッパでは奴隷貿易を支配する国がこれらの嗜好品を独占することができたわけです。一七世紀になると奴隷貿易の支配はオランダ、イギリス、フランスの手に移り、三者の覇権争いの結果、一七一三年のユトレヒト条約※によりイギリスが独占することになったという経緯があります。そのおかげでイギリスは着実に富を蓄積していくことになったのです。

※ユトレヒト条約：一七一三年にスペイン継承戦争終結のためフランス、スペイン、イギリスおよびその同盟国間で締結された条約。イギリスは奴隷供給契約（アシエント）とジブラルタル、ニューファウンドランド島などの植民地を獲得した。

イギリス政府は一七八三年まで一貫して奴隷貿易奨励政策を取りつづけ、その後イギリスへの原綿供給地は西インド諸島からアメリカ南部に移っていきました。

一七七八年のアメリカ独立宣言では、自由主義・人道主義・平等主義などがうたわれ、同年制定された連邦憲法でも、二〇年後には完全に奴隷貿易を禁止することが制定されたにもかかわらず、実際には南部を中心に奴隷州は拡大していきました。一八〇八年に一一九万人いたといわれる奴隷は一八六〇年の南北戦争前には四〇〇万人となっていたといわれています。アメリカ南部で奴隷として働いていたアフリカ人の数はのべ一五〇〇万人から六〇〇〇万人にのぼるといわれています（詳しい統計上の数字は不詳）。

イギリス産業革命の推進力となった綿工業への原綿供給を一貫して支えてきたものが奴

隷制であったことは、見落としてはならない点でしょう。アメリカの黒人差別のルーツはここにありますし、働き盛りの男と女を奪われたアフリカはその後ヨーロッパ各国に直線的に分断され、急速にその豊かな資源を奪われるだけの不毛の大地と化していったのです。

✺強引につくられた市場

次に、大量の綿製品を売る市場をどのように獲得していったかを見ていきますが、その前にイギリスが輸出に力を入れることになった事情を、産業革命以前にさかのぼって見てみます。

イギリスは島国のため海軍の歴史が古く、一六世紀後半にはアフリカ・アジアなどの海外に勢力を伸ばして貿易に力を入れるようになりました。一六〇〇年にイギリス東インド会社を設立し、肉料理に欠かせない香辛料や、紅茶・絹・生糸などを求めてアジアとの貿易を盛んにしました。もともと香辛料も紅茶もイギリス・ヨーロッパでは気候的に栽培できるものではありません。イギリス人は紅茶好きですが、紅茶が庶民に広がったのは一八世紀後半くらいからのことです。最初は嗜好品として入ってきましたが、爆発的に需要が伸び、生活の必需品となっていったのです。紅茶に欠かせない砂糖は、西インド諸島やアフリカから輸入していました。

イギリスにこのような需要が生まれた背景には、一六世紀後半に封建制度が崩れて市民革命が起こり、工場制手工業が盛んになって消費の担い手となる市民階級が登場してきたことがあります。

中国やインドなどからの輸入量は一八〇〇年頃から次第に増えていきました。それに対してイギリスから海外に売ることができる主要な商品はあまりなく、一方的な輸入超過となって支払いのための銀が流出する事態が続いていました。イギリスの伝統産業である毛織物は、南方のインド・中国では好まれず需要はほとんどなかったのです。

そもそも、当時の中国やインドはイギリスに比べて決して「貧しい国」ではなく、むしろ自給経済の確立した豊かな国でした。イギリス製品を輸入する必然性はまったくなかったといえます。

このような状況の中で、重要な輸出向け商品として位置づけられたのが綿製品でした。機械工業化による安価な綿製品を輸出することができれば事態は解決するとイギリスは考えたのです。当初その市場はヨーロッパにありましたが、他の西欧諸国でも次第に綿工業が発達し綿製品が売れなくなったので、おもな市場の狙い目はアジアへ移っていきました。

その中でも最大の市場とされたのがインドです。

しかしインドは、すでに述べたように綿工業発祥の地であり、優れた手工業の伝統のもと、イギリスはじめ世界各地に綿製品を輸出していた国でした。なかでも東部の都市ダッカ（現在はバングラデシュの首都）は世界の中でも最高級の綿織物の産地でした。そこでイギリスが何をしたか、『産業革命の群像』（角山栄著、三〇－三一頁）に次のような衝撃的な記述があります。

「一九世紀はじめまで、インドのダッカはその美しい織物で世界に名を知られていた。その織物がいかに高級でせんさいな美しさにみちていたか——インド婦人が身につけるサリーは、今では腰に二巻きするだけだが、むかしはそれを七巻きしたものである。それほど美しい蝉の羽根のようにすきとおった織物であった。とてもイギリスの機械製綿布をもってしては太刀打ちできるものではなかった。しかしこのすぐれたインド織物工業をつぶさないかぎり、イギリス綿布はインド市場にはいりこむことができない。そこでイギリス人は何をしたか。インド綿工業を絶滅させるためには、すぐれた職人の技術をこの世から完全に消してしまうことである。『邪魔者は殺せ』これがイギリス人のやり方であった。ダッカの職人は、やってきたイギリス人によって両腕を切り落とされた。それでも足りないときは両眼をくり抜かれたのだ。この話はインド人の間で先祖代々語り伝えられているのか、私は同じ話を何度もきいた。それを語るとき、インド人はきまって興奮にうちふるえ、こぶしを握り締めながら顔面を怒りでこわばらせた。たしかに文献によれば、インド最大の綿業の中心都市ダッカの人口は、一八世紀末の一五万人から一八四〇年ごろにはわずか二万人に減少している」

アジアにおいて最も貧しい国といわれてきたバングラデシュには、実はこのような過去の歴史があったのです。

東インド会社は当初インド伝統の手工業による綿製品輸入に力を入れていましたが、こうした過程を経て次第にイギリスの機械製綿製品を売りつけるための会社となっていきました。インドを自分たちの製品を売る有力な市場につくり変えていったのです。

✺今日の経済格差の始まり

このようにイギリス産業革命における大量の綿製品の生産は、原料確保と市場確保とが背中合わせとなったシステムのもとに進められていきました。産業革命に成功した他の国々もこのシステムによって先進工業国として富をたくわえるようになり、原料供給地や市場とされた後進国との経済格差が広がっていくことになりました。機械の発明・改良によって生産能力は高まりましたが、それは機械を持つ先進工業国の資本家階層の利益を増やすためのものでしかなかったのです。

先進工業国は北半球に多く、後進国が南半球に多いことから、こうした格差が引き起こしてきた問題は「南北問題」と呼ばれてきました。今日、アジア・アフリカなど、いまだに貧しさが解消されない国々があるのは、このような近代機械文明のそもそものしくみ、システムがその基礎としてあるからです。産業革命以前のアジア・アフリカには豊かな自然に恵まれた国が多く、中でもインドや中国は世界でも有数の豊かな資源と伝統技術・文化を誇った国でした。

自然環境の面をみても、砂漠化や地球温暖化、酸性雨など自然環境破壊が地球規模で進み、本来豊かだった自然が失われたことで食糧自給体制が崩れ、飢餓の問題も引き起こされました。公害問題も後を絶ちません。

また、先進工業国による収奪のシステムは、経済的な貧困や環境破壊だけでなく、伝統文化の破壊も招くことになりました。大量の機械製綿布の市場となった国々において、庶民の着る衣服は大きく変わっていったのです。どの土地にもそれぞれの気候・風土・習慣に根ざした独自の民族服がありますが、イギリス風の衣服である背広、ドレスなどに取って代わるようになりました。また大量に出回る綿製品は、手紡ぎ手織りの時代にはあたりまえだった、一枚の着物を大事にして何回もつぎをあてて縫いつくろうというような習慣を忘れさせ、大量生産・大量消費時代をつくりだして、ますます市場を拡大させていったのです。

✺世界を巻き込んだ戦争へ

そして忘れてならないのは、機械が大量の製品を生み出せば生み出すほど、原材料や市場、エネルギー源の確保を求めて各国の利害の対立が生じるようになるということです。事実、産業革命に成功した先進工業国家は中国をはじめ東南アジアの国々をめぐって争奪戦を引き起こし、世界を巻き込んだ戦争に突き進んでいくことになりました。

日本の場合、日本棉の生産が明治中期以降に衰退していく一方で、輸入綿花によって大量に生産される紡績糸、綿製品はみるみる国内での需要を上回るようになりました。明治二三（一八九〇）年、初めて恐慌が起こって綿業界は操業短縮に追い込まれます。そこで当時の日本最大の業界団体であった大日本綿糸紡績同業連合会は、綿糸輸出税の撤廃を政府に要請すると共に、その輸出先として中国（清国）に目をつけました。日本は富国強兵策の中で明治二七（一八九四）年に日清戦争で勝利すると、清国を綿工業の原材料供給地および市場とし、大量の製品を売ることのできる市場を得たことで、再びたくさんの工場がつくられました。明治二九（一八九六）年以降、輸出量は急激に増加しています。

やがて清国の需要も底をつき、明治三三（一九〇〇）年には紡績業界は九か月にも及ぶ操業短縮を実施せざるを得なくなります。しかし、すぐに日露戦争（明治三八年）を起こして勝利し、再び大量の綿製品を売ることのできる大きな市場を得て、いっそう多くの工場から大量の製品がつくりだされるようになっていったのです。

「日本の紡績工業界の歴史は、操業短縮の歴史である」といわれています。設備投資が増えて機械が増設されると、大量の製品ができます。これが需要を上回ると、製品は売れなくなって不況となり、価格維持のためもあって生産の自粛をします。戦争を起こして市場が拡大すると好景気となり、また設備投資がなされて生産力が拡大する、というような繰り返しが、第二次大戦後まで続きました。

アジアの諸国は二度にわたる世界戦争の中で常に「侵略される」側でしたが、日本はアジアで唯一「侵略する」側としてこの戦争に参加しました。それは、日本が明治維新の時にアジアでいち早く綿工業を取り入れ、その近代化・大規模化に成功したからにほかなりません。

✺ワタが世界を変えた

イギリスが自国では栽培できない、もっとも非ヨーロッパ的亜熱帯的繊維であるワタを使って、綿工業によって産業革命を推し進めた時から、自国だけにとどまらない世界的規模での社会的・経済的変革が動き出しました。近代社会への再編成です。もしこれがイギリス伝統の毛織物工業に留まっていたら、おそらく原材料の確保は自然の制約を受けて限られたものになったでしょうし、市場も限定されたものになり、これほど世界的規模で影響を及ぼす力は持ち得なかったことでしょう。

綿工業が産業革命の推進役を果たしていたのはイギリスだけではありません。日本をはじめ、ドイツ、ロシア、アメリカなど、それぞれ機械化・工業化社会が築かれていくときの過程に違いはあっても、その中心に常にワタがあったことは、少しでも世界の歴史を調べてみれば明らかです。

このような点に注目して世界の歴史の流れを見ていくことは、現代社会を生きる私たちにとって非常に大切なことだと思います。今日の経済格差、貧困、饑餓、環境問題、戦争など、現代社会が抱える諸矛盾は産業革命にその根があるといえます。まさに、ワタが世界を変えてしまったのです。

III

ワタで世界を変える

──ガンジーのチャルカの思想と実践

✺インドでワタを見つめ直す

イギリス産業革命が「ワタが世界を変えた」出来事だったのに対し、「ワタで世界を変えようとした」のがインド独立の父と呼ばれたガンジーだったと私は考えています。

私は一九八七年に初めてインドに行くまで、ガンジーについては非暴力や不服従闘争でインドを独立に導いた人というぐらいの理解でした。しかし、その数年前に観たリチャード・アッテンボロー監督の映画「ガンジー」の中で、ガンジーが腰布一枚で糸車を回していた姿はずっと気になっていました。

インドへ行こうと思ったのは、インドが綿織物の発祥の地だったからです。紀元前二〇〇〇年にはすでにワタが栽培され繊維として使われていたという、ワタに関して世界で最も古い歴史を持つ国です。そのような国に身をおいてみて、自分がこれからどういう道を進むべきか、時間的にも空間的にも大きな視点で鳥瞰図《ちょうかんず》的に見つめ直してみようと思いました。ワタの栽培を始めて四、五年たった頃のことで、私は自分がこのままワタに関わりつづけていってよいものか迷っていたのです。

当時はバブルの真っ最中で、まだまだ着られる服も毎年のファッションの変化に合わせてすぐに捨てられ、バザーなどではきれいな服がごく安くいくらでも手に入ったという時代でした。そのような時代に畑でワタを栽培し、それを紡ぎ、機織りして服づくりをすることにどれだけ意味があるのか、自信が持てなくなっていました。ワタを生活の中心に据えようと考える自分たちのほうが間違っているのか、だんだんわからなくなってきた中、一度インドに行かなければという思いに駆られて旅立ったのです。

✺ガンジー・アシュラムの暮らし

インドで「糸紡ぎのことやワタのことを勉強したい」と言うと、何人かから「それならガンジーさんのアシュラムに行くといい」と言われました。

アシュラムとは道場という意味で、ガンジーが活動の拠点としてつくり、その思想と実践を受け継ぐ人びとによって営まれているガンジー・アシュラムが、インドには数か所あります。

ガンジーは独立運動のシンボルとして、ワタから糸を紡ぐための素朴な道具、チャルカ（糸車）を掲げ、人びとにチャルカを回すこと奨めて自らも日課としていました。私が滞在したいくつかのガンジー・アシュラムではどこでも、朝夕の祈りの時間に人びとはチャルカを持って集まり、祈りの言葉の代わりに黙々とチャルカを回していました。私もアシュラムの人びと共にチャルカを回しました。カタカタ…ブーンブーンというかすかな音が、まるで祈りの言葉を唱和しているように部屋に響きます。チャルカを回していると雑念が払われて、心が落ち着いてくるのが不思議でした。

ガンジーのお墓があるデリーのラージガートの近く、ハンダさんという夫妻が七、八人のスタッフと共に運営しているアシュラムでは、スラムの子どもたちに糸紡ぎを教えていました。子どもたちが紡いだ糸は学用品等に換えてあげて、勉強も教えている一種の寺子屋のようなところです。糸紡ぎが現代に生きていることを実感しました。

どこのアシュラムに行っても、私はアジアでもっとも工業化の進んだ国から糸紡ぎを学びに来た人として大変歓迎されました。グジャラート州アハメダバードの郊外にあるサバルマティ・アシュラムは、一九一五年にアフリカから帰国したガンジーが最初に開いたアシュラムで、国内外から見学に訪れる人の多いところですが、敷地の中に自然エネルギーの研究所があります。そこに一週間ほど滞在させてもらって、研究員のパンダー博士(当時)にワタ繰りからワタ打ち、糸紡ぎ、機織りまで、一連のやり方をじっくり教えてもらいました。昔ながらのやり方から最新の方法まで教わることができたのは大変勉強になりました。町にはまだワタ打ち職人がいて、その仕事を見に連れていってもらったりもしました。

このアシュラムではソーラー調理器や温水器、牛糞を使ったバイオガスといった自然エネルギーを研究し、また米、麦、野菜などを自然農法でつくったりしていました。さらにレンガや牛糞など昔ながらの素材を使って家を建てる方法を研究するなど、衣食住全般にわたる自給自足と自立の具体的方法を研究しているところでした。ここで生活技術を学んだ学生たちはおのおの村に帰って、村のリーダとなって村の人びとの暮らしに生かしていくのです。

ほかにもいくつかの道場に滞在させてもらいましたが、どこでも、朝起きるとみんなで集まって糸を紡ぎ、食事もみんなでつくります。昼間は畑仕事などをして、夕方にはまた糸を紡ぐというシンプルで質素な生活をしていました。それは決して昔の生活に戻ろうというのではなく、未来を見すえた取り組みであったのは確かなことで、科学技術の進歩の方向性がどうあるべきか、深く考えさせられたインド滞在でした。

✺ガンジーと近代機械文明

この旅の途上でブヴァネーシュワルにある日本山妙法寺の依田上人を訪ねた折に『抵抗

するな・屈服するな――ガンジー語録』（K・クリパラーニ編）という本をいただきました。宿や汽車のなかでひたすら読み、随所で共感する言葉に出合いました。たとえば「人間と機械」という章にこんな一節があります。

「私は機械に反対しているのではなく、機械への「熱狂」に反対しているのだ。いわゆる労力を節約するという機械への熱狂に対してである。労力の節約をつづけるうちについには無数の人が失職し、路頭に迷い、餓死に至る。私は一部の人間ではなく、人間全体のために時間と労力を節約することを望む。今日、機械は、わずかの人が無数の人を圧迫するのを助長しているにしか過ぎぬ。それを促進しているものは労力を節約する博愛の精神ではなく、貪欲だけである。私が力の限り闘っている相手はこの本質なのだ」

〔『抵抗するな・屈服するな』一九八頁〕

これは、かつて私が町工場で働いていた時に抱いた「機械は必ずしも人を幸せにしない」という問題意識と共通します。ガンジーはすでに一九〇八年に書かれた著書『ヒンドゥー・

スワラージ（インドの自治）』（M・K・ガンジー『ガンジー・自立の思想』所収）の中で、近代化した機械の存在を痛烈に批判していました。

「機械のためにヨーロッパは荒れ果てはじめました。破滅がイギリスの門をたたいています。機械こそ近代文明を象徴するものであり、大いなる罪悪を表すものです」

「ボンベイの紡績工場の労働者たちは、奴隷になりさがっています。工場で働く女工さんの状況は目をおおわんばかりです。紡績工場などというものがなかったなら、これらの女工さんたちも飢えることはなかったでしょう」

「わが国に機械熱がはびこるなら、ここも不幸な土地になるでしょう。インドに工場をふやすくらいならマンチエスターに金を送って、うすっぺらなマンチエスター製の布地を使ったほうがまだましだと私は言わざるを得ません。マンチエスターの布地を使ったところで、われわれはただ金を浪費するだけのことですが、インドにマンチエスターを再現したのでは、血を売って金を手許に残すことになるでしょう」

〔『ガンジー・自立の思想』三六‐三七頁〕

人類にとって多大な富をもたらすと誰もが思い込んでいる大型機械がいかに大多数の人びとを不幸にしているか、ガンジーは訴えつづけていたのです。ガンジーが闘っていた相手とは何なのか、ガンジーは何をめざしていたのか、ガンジーはなぜチャルカを回したのか、それを理解することが、これからワタに取り組んでいくうえでどうしても必要だと、インドの旅を通じて私は確信しました。

以下、イギリス統治下のインドの綿織物工業の状況を背景としたガンジーの活動をたどりながら、ガンジーのチャルカの思想を探っていきたいと思います。

✺インドも綿製品を工業化

綿織物発祥の地であるインドでは、古来手紡ぎ手織りで衣を自給することができていたばかりか、輸出までしていました。インドの伝統的な手工業による上質の綿布はヨーロッパでも非常に人気が高く、一七世紀からインドとの貿易を始めたイギリスは当初インドから綿布をさかんに輸入していました。

その立場が逆転したのは一八二〇年代初めです。前章で見てきたように、イギリスが自国で機械生産した大量の綿製品を売るために強引な手段で市場拡大に乗り出したのです。

職人を弾圧すると共に、インドからの輸入に対しては高い税金をかけ、イギリスからの輸出には税金を低くするといった関税操作をした結果、イギリス製の綿製品が急激にインドに流れ込み、インドの手工業による綿布生産は壊滅的な打撃を受けることになりました。一八三〇年代中頃、イギリス人総督が「この窮乏たるや商業史上殆ど類例を見ない。木綿織布工たちの骨はインドの平原を白くしている」とまで述べています（吉岡昭『インドとイギリス』）。一八五八年の「セポイの反乱」（第一次インド独立戦争）鎮圧をきっかけにイギリスはインドを直接統治下に置き、インドはイギリス綿製品の最大の市場となっていきました。

その一方、インド国内でも産業革命が始まりました。従来の手紡ぎ手織りの手工業にかわって、イギリスから機械を輸入してインド国内の機械製綿工業をスタートさせたのです。最初の機械製紡績工場の創業が一八五四年で、これ以降、主としてボンベイを中心に紡績工場がつくられていきます。工場主は輸入綿糸・綿布、アヘンなどを扱ってきた商人でした。

安価な自国の綿花と豊富な低賃金労働力をもとにインドの紡績工場は生産を伸ばし、一八〇〇年代後半にはその製品を国外に輸出するまでに成長していきました。一八九九年には、インドにおける綿糸生産量の約五〇パーセント以上は中国に輸出されています。この年の中国の綿糸の輸入量で見てみると、六六・六パーセントがインド製品、三一パーセントが日本製品、二・四パーセントがイギリス製品となっています（ただしインドが生産できた綿糸は太糸で、細糸および綿布はほぼイギリスが独占していました）。

ガンジーが生まれたのは一八六九年ですから、すでにその頃からインドにおいても産業革命による綿製品の工業化が本格的に始まっていたわけです。かつては衣類を一〇〇パーセント自給していたインドはこの時代、自国の綿花を糸にして輸出し、綿製品を輸入する国となっており、ガンジーが長年の外国生活から帰国した一九一五年頃には、手紡ぎ手織りの伝統はもはやほとんどインドから姿を消していました。

✺チャルカの復活

手紡ぎ手織りの伝統が途絶え、かつてはどこの家庭にもあったチャルカは過去のものとして捨て去られていました。これを捜しだし、命を吹き込んだのがガンジーです。

南アフリカで弁護士として活躍し人権闘争に勝利して帰国したガンジーは、やがて独立闘争の中心的存在となっていきます。ガンジーは自給生活の基地として、グジャラート州のアハメダバードにアシュラム（道場）を建設し、サティヤーグラハ・アシュラムと名づけました。「サティヤーグラハ」とは、「真理（サティヤー）を堅持する（アグラハ）」を意味するガンジーの造語です。このアシュラムを拠点にして、自分たちの生活に必要なものは自分たちでまかなうことを基本に、ガンジーは国産品愛用（スワデシ）運動を展開しました。この運動のシンボルに据えたのが、インドの伝統産業を象徴するチャルカです。

インドの人びとが皆イギリス製綿布の服を買って着ているのでは、自らイギリスの支配に協力しているのと同じことで、それではいつまでたってもイギリスの植民地支配からの独立は実現できないとガンジーは考えました。そこで、昔ながらのインド国産の手織り木綿（カディー）の復活に取り組むことにしたのです。

しかし当時のインドにあって、すでに糸紡ぎの道具や技術を知る人を捜すのは至難の技でした。おそらくよほどの「僻村」へ行かないと捜すのはむずかしいだろうと判断したガンジーは、ガンガーバハンという行動力のある女性に協力を頼みました。糸紡ぎは伝統的に女性の仕事だったので、その存在を見つけ出すことは女性にしかできないだろうと考えたのです。彼女はグジャラート州のすみずみまで歩き回って、ようやくヴィジャプールの村でチャルカを見つけました。その村ではまだかなりの家庭にチャルカがありましたが、長い間屋根裏にしまわれたままになっていたのです。ガンガーバハンは糸紡ぎに必要な「篠《しの》」の供給と紡いだ糸の買い取りを約束して糸紡ぎを村の女性たちに依頼し、ワタ打ち職人や機織り職人を捜し出し、やがてヴィジャプールでカディーがつくられるようになっていきました。工場製品を使わずにカディーをつくるために、各地で地道な努力がなされたのです。ガンジー自身も町角でワタ打ち職人を見つけて篠づくりを依頼したというエピソードを残しています。

生涯カディーを着ることを誓ったガンジーは三等列車でインドをくまなく旅し、村々でイギリス製品のボイコットを呼びかけました。インドの最下層の人びとと同じ腰布一枚の姿で民衆の前に立ったガンジーが「イギリス製の服を買うことをやめて、自ら糸を紡いで布を織ろう」と呼びかけると、その場で人びとはいっせいに自ら着ていたイギリス製綿布の服を脱ぎ捨てて燃やし、チャルカを回しはじめました。一九一九年から一九二一年頃までの第一次反英非協力闘争の盛り上がりの中、ガンジーの行く先々で人びとはその呼びかけに熱狂的に応えたのです。

✹ガンジーはなぜチャルカを選んだのか?

ガンジーのこの呼びかけは、単に「イギリス製品ボイコット」「国産品愛用」を意図したものではありませんでした。なぜ誰もがチャルカを回さなければならないのか、ガンジーは次のように簡潔に説明しています。

「どうしてチャルカか? どうして紡績工場ではだめなのか? 紡績工場は皆が持てるわけではないというのがその答えです。紡績工場に衣類を頼るようになれば、紡績工場を管理する者が人びとを支配するようになります。そして個人の自由もそれまでです」

〔『ガンジー・自立の思想』七一頁〕

近代化機械化による大量生産が、搾取のシステムによって成り立っていることは前章で見てきたとおりですが、ガンジーの危惧もまさしくそこにありました。より大量によりスピーディにと、生産効率を向上させれば利益が上がります。しかし、その利益は機械を所有している人のためのものでしかありません。工場の規模が大きくなればなるほど大きな資本が必要ですから、機械を所有することができるのは一部の資本家ということになります。

それに対して、誰でも手軽に扱うことができる小型の道具であるチャルカは、たくさんの物を高速度につくることはできませんが、人びとが各家庭で必要とする糸を必要なだけつくれば、結局それが大量の生産となり、少なくとも自国民の必要は充分満たせます。他国民の生活を脅かすこともありません。機械に使われ支配されるのではなく、誰もが機械の主人になれるのです。それも、貧困をもたらすような機械ではなく、生活を豊かにし労働を楽しい喜びにするような機械、それがチャルカだったのです。

生活の術《すべ》を資本家や権力者にゆだねれば、それは同時に生殺与奪の権利を与えてしまうということで、そこに支配関係が成り立ちます。このような関係を断たないかぎりインドの民衆の独立・自治は達成されないと、ガンジーは考えていたのです。『抵抗するな・屈服するな――ガンジー語録』の「潤沢の中の貧困」という章に出てくる次の言葉は、真の独立とは何かを明確に語っています。

「インドの経済構造は――そのことについては、世界の経済構造もそうであるが――衣食の欠乏からだれひとり苦しむことのないようなものでなければならぬ……この理想は生活必需品の生産手段が大衆の管理するところとなりさえすればあまねく実現されうるものである。それらは天から授かった空気や水がそうあるべきように、万人に自由に得られるべきものである。これが搾取の手段とされてはならぬ。この簡単な原則を等閑視《とうかんし》していることが、この不幸な国ばかりでなく、世界の他の地域においても目撃される困窮の原因になっている」

〔『抵抗するな・屈服するな』二〇三頁〕

権力者が民衆の生活必需品の生産手段を管理するのではなく、生産そのものに民衆が主体的に関わることこそが真の独立であり、その具体的な意思表示の一つが工場製品の服を拒否して、チャルカで糸を紡ぐことだったのです。

✺チャルカの思想と非暴力は表裏一体

ガンジーの独立闘争の一つに有名な「塩の行進」があります。これはイギリスによる塩の専売に抗議して、ガンジーとその支持者たちが自分たちで塩をつくるために海岸までの約三八〇キロを行進した非暴力闘争です。塩は人間が生きていくうえで最低限絶対に必要なものです。そして、自然の恵みです。自然の恵みが海には無限にあり、それを自分たちの手足を使えば得ることができる、それこそ本当の豊かさです。自分たちに必要な分だけを得ているかぎり、この豊かさは永続します。ワタを自ら紡いで布を織ることも同じです。古来、人は自然の恵みを手足を使って生かして利用して暮らしてきたのです。

しかし、イギリスの近代文明に出合ったインドの人びとは自分たちの手の内にある豊かさを手放して、イギリスの豊かさに頼ろうとしました。イギリスのもたらした大型機械の技術や工業製品や文化文明を自分たちの伝統文化よりすぐれたものだと思い込み、衣服や日用品などは手作りするより工業製品を買うことを選び、鉄道を歓迎し、教育や法律、医療なども進んで取り入れたのです。このようなイギリスがもたらした近代文明を、ガンジーは「張り子の虎」であるとみなしていたのだと思います。イギリスがインドを支配することができたのは、インド人がイギリス製のものを毎日消費して自分たちの富を進んで差し出したおかげだと、ガンジーは強調しました。

「私たちがイギリス人を招き入れ、居座らせているのですよ。私たちが彼らの文明を受け入れたから、彼らはインドにいられるのです」

〔『ガンジー・自立の思想』三五頁〕

インドがイギリスにとって多大な利益を生み出す国であるかぎり、イギリスは居座りつづける、だから逆に、インドの人びとがイギリスがもたらす豊かさを拒否しつづければ、イギリスはインドから得るものがなくなって、撤退せざるを得なくなる、それがガンジーの考えるインド独立への道筋だったのです。武器や暴力は必要ありません。生活に必要なものは「自然の恵みを利用して、自分の手足を正しく使って、自分で得る」という暮らしを基本に生きていくことで、インドの人びとは何者にも支配されない自由、永続的な豊かさを手に入れることができる、そのシンボルがチャルカです。非暴力の思想はチャルカの思想と表裏一体なのです。

✺社会主義の道を選んだインド

しかし、ガンジーのチャルカの思想は、残念ながらインドで広く理解されることはありませんでした。一時の熱狂が過ぎると人びとはだんだんチャルカから気持ちが離れ、やがてガンジーのアシュラムがある村の中でさえ、人びとはチャルカを手にしなくなりました。すでに近代化の波に飲み込まれていたインド社会にあって、チャルカやカディーはその流れに逆行するものと受け取られても仕方なかったのでしょう。ガンジーは「私のせいでこの国は暗黒時代に戻ってしまうのではないかと多くの人は思っています」と述べています。近代化から取り残されるところだったインドが、ようやく機械化工業化に成功したことは、多くのインドの人びとにとって歓迎すべきことだったのです。

チャルカは、ガンジーを指導者として迎えた国民会議派の旗の中央に描かれ、インド独立運動のシンボルとして掲げられていました。しかしながら、のちに独立したインドの国旗としてこの旗が引き継がれた際には、中央のチャルカは法輪に変更されています。実際、国民会議派の中でさえ、ガンジーのチャルカの思想は理解されていなかったのです。

むしろ初代インド首相となったネルーのように、国家による大規模工場の管理を主張する社会主義の影響を強く受けた政治家が国民会議派の主流をなしていました。ガンジーの国産品愛用の考えまでは、イギリスに対するインド独立運動の経済的側面として受け入れられていましたが、チャルカで糸を紡ぐことによって真の自治独立を実現しようという思想には、多くの人が深く理解を示すことはありませんでした。

ネルーが中心となって率いた二度目の大規模な反英非協力闘争（一九三〇～一九三四年）の終わり頃には、ガンジーは国民会議派を脱退しています。国民会議派の主流をなす政治指導者たちと自分の思想がはっきりと違ってきていること、主としてチャルカの取り組みに対する考え方の違いが理由でした。

✺自給自足と手工業の発展をめざした村づくり

ガンジーは一九三四年に国民会議派を脱退したあと中央の政治からは身を引き、村の生活の再興をめざし、特に村落手工業の発展と手仕事を通した教育に力を入れるため、全インド村落手工業協会を設立しました。そして、その二年後にはインド中央部のワルダー郊外の村にアシュラムを移し、自らも村に住んで、村でほとんど失われかけていた手工業の復活に着手しはじめました。

このアシュラムはセワグラム・アシュラムといい、今でも何もない寒村ですが、当時は郵便も電報も届かないような僻村でした。その村を本拠地として、乳牛の世話や牛糞を利用した畑の肥料のつくり方など農民生活に必要な種々の方法、鍛冶《かじ》、紙漉《かみすき》、皮なめし、石けんづくりなどの生活技術の普及に努めました。村民の教育のこと、飲み水など保健衛生のこと等、村の生活全般のあらゆることに自ら関わり、その改善に具体的に取り組みました。

その後ガンジーは、不可触民への差別解消やヒンドゥー教徒とイスラム教徒の宗教対立融和のために再び中央政界から呼び戻されて活躍しますが、晩年のガンジーが村のもっとも貧しい人たちと共に、その生活の中から具体的な自給自足に基づく社会づくりをめざしていたことは注目すべき点だと思います。

ガンジーがインドの独立をこのように広い視野に立って、生きることの「真理」として考えていたことに、私は驚きを感じます。イギリス統治下のインドの中からはこのような視点は生まれにくいのではないかと思うのです。このことはガンジーが青年時代を国外で過ごしたこと、インド人でありながらイギリスに留学し、南アフリカでの徹底した人種差別と二一年間闘ってきたことと決して無関係ではないと思えます。

私がガンジーに共感していることの一つに、ガンジーが人の上に立とうとせず、いつも一番貧しい人たちの側に身を置いて共に暮らしていこうとしていたことがあります。ガンジーは弁護士を開業するためにわたった南アフリカで、徹底的に差別されました。有色人種は一等車に乗るなと汽車から降ろされ、駅のホームで一晩中縮こまっていたという体験が自叙伝に書かれています。そういう差別される痛みを知っていたガンジーは、その後アフリカで農場を開いた時には自ら便所掃除をし、妻にもさせて大げんかになったという逸話があります。

そのような体験があったからこそガンジーは、自国の独立を考えた時に貧しい人たちが豊かになるためにはどうしたらいいのかという視点をもっとも大切にしたのだと思います。政治的な独立だけでは問題は解決しません。自分たちが自然から与えられているものを自分たちの手足を正しく使って生活の糧にすることによって、人は真に豊かになっていくのであって、そのために大型機械はいらないということなのです。

ガンジーはチャルカを回して世界を変えていこうとしたのだと思います。自然の恵みと、自分たちにとって等身大の道具、技術があれば生活は充分成り立ちます。それがガンジーのチャルカの思想なのだと私は深く共感するのです。このことは近代文明社会の末期を生きる私たちにとって、明日の生き方を具体的に考えていくうえで大きな意味を持っていると私は考えています。

エピローグ

みんなが豊かに生きるには

✺人類史の二つの転換点

人類の歴史を俯瞰《ふかん》してみると、人間生活に不可欠な「衣食住」をどのように手に入れるかということによって、歴史が大きく変わっていることがわかります。

一度目の転換点は農耕という「食」を手に入れる手段を得た時でした。人類は誕生以来、長いこと狩猟採集で暮らしており、それはほかの動物とさして変わらない生活スタイルだったといえます。火をおこすことと道具をつくる方法を発見したことで人間が動物より有利になりましたが、それまでの時代と完全に一線を画すようになったのは、農耕（agriculture）が始まった時です。ここが第一の転換点です。米や小麦など穀類を栽培してそれを貯蔵できるようになり、さらに余った穀物で動物を飼育し、狩猟採集に出かけなくても食糧が手に入るようになります。そこで人間に「ゆとり」が生まれ、さまざまな文化（culture）が発達する基盤となりました。

このようなゆとりができるようになると、働かずして生活できる人たちが出てきます。貴族が小さな奴隷制の農園のようなものを持って奴隷を使って生活するようになり、増えた富を守るために武装集団がつくられて武士という職業が生まれ、武士のほうが力を得てくると、貴族の世の中から武士の世の中になっていきます。一方、衣食住の基本的な生産を担ってきたのは農民です。武士の世の中で、農民がつくった米や織った布など手工芸品を扱う商人が登場し、今度は商人の世の中になっていきます。だいたいにおいて、このような流れで日本もヨーロッパも歴史が動いてきています。

人類史の第二の転換点となったのがイギリス産業革命です。「衣」を簡単に手に入れることができるようになった始まりが、近代機械文明の幕開けとなりました。ヨーロッパの片隅の小さな国、イギリスで発明され発展したこの機械がまたたくまに世界中を巻き込み、これまでのある意味牧歌的な農耕社会を、工業を経済基盤とする社会へと変貌させていったのです。世界は工業化に成功した国と工業化していない国とに塗り分けられ、植民地支配の時代は終わっても搾取の構造は今なお先進国と発展途上国の関係において続いています。そこにさまざまな矛盾を引き起こしていることはすでに見て来たとおりです。

✺資本主義と社会主義は同じ穴のムジナだった

産業革命以降の近代社会は、大きく分けると資本主義と社会主義という二つのイデオロギーのもとに導かれてきました。八〇年代の終わりに社会主義体制が相次いで崩壊するまで、それは続きました。

私自身、かつては社会主義に理想を見ていました。貧困問題を根本的に解決するためには、生産力を上げて多くの利益を生み出し、その利益を資本家が独占するのではなく、労働者が主導権を持って平等に分配しようというのが社会主義の考え方です。社会主義にもとづく労働運動が世界を貧困から救い、みんなが豊かになれる社会をつくるのだと学生の頃から確信していました。それで、町工場に飛び込んで労働運動に身を投じたのです。でも本当にそれでみんなが幸せになれるんだろうかという疑問が、労働の現場の中で湧いてきました。

ワタと出会ったことで衣の現状を知り、問題の背景を調べていくなかで気づいたことがあります。それは、社会主義と資本主義は実は同じ穴のムジナであったということです。この二つのイデオロギーは大きな対立点を持ちながら、どちらも生産効率を上げて経済的、物質的豊かさを実現していくという経済構造を前提としていたのです。そのうえで、その生産手段を資本家が握って市場経済によって自由に分配するのか、それとも労働者階級が主導権を握って計画経済の中で公平に分配するのかという、分配方法の点で違いがあるだけだったのです。

産業革命以来、物質的に豊かになれば人は豊かになれるという神話・幻想は、現在も一般社会を支配しています。資本主義も社会主義も、生産力の向上をめざしました。しかし、生産力が上がっても豊かになるのはどちらも一部の人間でした。生産手段を握る人間に富が集中するからです。社会主義は生産手段が公的に所有・管理されますが、そこに権力が集中するので、結局は一部の人間だけが豊かになるしくみになっていたのです。

✺一人ひとりが生活の基盤を持つ

今の日本は物があふれ、何でも安く買うことができます。しかし、それは豊かな社会なのでしょうか？　そこで誰もが人間らしく幸せに暮らしているでしょうか？

真に豊かな暮らしとは、誰も搾取されず、誰もが衣食住の心配をせずに安心して暮らせることが前提でなければならないと私は考えます。生産力の向上と経済発展を基盤とする限り、この前提がくずれてしまうことは産業革命以来の歴史で見てきたとおりです。

そんなことを言っても、社会全体、政治経済全体が変わらなければ何も変わらないじゃないかと多くの人は考えていると思います。しかし、現在の社会を構成し、支えているのは一人ひとりの日々の生活なのではないでしょうか。原子力発電に反対を唱えながら、たくさんの電機製品に囲まれ、また電気を大量に使ってつくられる物に依存して生活しているというのでは何も変わらないのではないでしょうか。

資本主義でも社会主義でもない、誰もが豊かになる方法、それがガンジーの「チャルカの思想」であり、「自分の手足を正しく動かして、自ら生きるために必要なだけのものを得る」生き方です。

すべてを自給自足でまかなうことは無理でも、衣食住に関わる生活必需品について一人ひとりが生産手段を一つでも二つでも持っていること、資本家や為政者に生産管理をすべて委ねてしまわないことが大事なのだと思います。

✺誰もが飢えることなく豊かに幸せに生きる世界へ

ガンジーはすべての人が自分の糧を得るために必要なだけ働くことが大事だとして、これを「糧を得る労働の法則」と名づけました。

「体が必要としている物は体を使って手に入れる必要があります」

〔『ガンジー・自立の思想』七五頁〕

この法則に無理やり従うのであれば、不満を持ったり体をこわしたりするだけです。

「自らの意思で従ってこそ、満足と健康を得ることができます。このような健康こそ本当の意味で財産となるのです。金貨や銀貨が財産なのではありません」

〔『ガンジー・自立の思想』七七頁〕

自分や家族が生きるためのものを自分の手でつくり出す時、働くことは喜びになります。私自身、畑の世話をしている時、チャルカをまわしている時、機織りでバタンバタンと布を織っている時、限りない喜びを感じています。それは何ものにも換えがたい喜びです。気持ちが落ち着き、生活も落ち着いて、気持ちが豊かになっていく実感があります。

この時、自分がつくったものをお金に換えようとすると、ジレンマに悩むことになります。利益を出そうと思えば高い値段になってしまって売れない、売れるような値段を付ければもうけが出ないということになります。結局、原材料を自分で加工して物をつくるより、よそで加工された製品を買うほうが安いということになってしまいます。コスト計算を考えたら自分ではつくれなくなってしまうのが、今の経済の仕組みです。自分で原材料を加工したものは、自分で使って初めて自分の価値になります。自分でつくったものを自分で使う、そこに生まれるつくる喜び、使う喜びが宝なのです。

一人ひとりが生産手段を持って営む自立した暮らしは、こうした喜びの上に成り立っているのだと思います。

人間はこの地球上に生まれ、太陽と水と空気と緑と土という豊かな自然の恵みを与えられ、そして大地に立って歩き、何でもつくり出せる頭脳と手足を与えられています。自分の手足を正しく使い、畑を耕し、山の木を大切にし、自分や家族に必要なものをつくるなかで日々の暮らしは大切な愛情こもったものとなり、人は幸せになれるのだと思うのです。

誰もが自分の手足を使って必要なものを得るような生活をするようになれば、世界は確実に変わると思います。近代機械文明が一人ひとりの手から衣食住という基本的な生活の手段を奪ったのに対して、それを自分の手に取り戻すことから、誰もが飢えることなく豊かに幸せに生きられる世界が始まるのではないでしょうか。その可能性を、私はワタに見ているのです。

追補　牧野財士さんの思い出

私は中学生の時に父を亡くしています。その後三〇歳を過ぎて人生の先行きに迷っていた私を確信をもって導いてくれたのが牧野財士《さいじ》さんでした。牧野さんは私にとって父親のような存在でした。インドでは、ガンジーはマハトマ（偉大なたましい）だとか、バプー（お父さん）とか呼ばれることもありますが、一般的には「ガンジージー」と呼ばれています（「ジー」は日本語で「さん」にあたる敬称）。私はガンジー思想を人前で話す時は、いつも尊敬と共に親しみを込めて「ガンジーさん」と呼ばせてもらっています。このような意味をもって私は牧野財士先生を牧野さんと呼ばせてもらっています。

私と牧野さんとの出会いは一九九〇年、亡くなった前の妻の霊をなぐさめるためのインドへの旅に同行していただいた時でした。

妻の亡くなる一〇年程前から、妻と私は、日本のワタを紡ぎ織るということを、田舎での衣食住の自給生活の中での最も大切なテーマとして掲げていました。しかし当時バブル経済の真っただ中にあった日本で、衣の自給という「テーマ」は、私共夫婦以外の人には、まったく理解してもらえる状況ではありませんでした。

その時の旅では、カルカッタで牧野さんにお会いし、まず列車でアラハバードを目指し、聖地サンガムでのお祈りの行事に同行していただきました。その後デリーに向かい、ハンダ夫妻の営むラージガートの近くにある小さなガンジーアシュラムを訪ねました。ここはその数年前、私も亡き妻もそれぞれ単身訪れ、ガンジーのチャルカへの想いを教えていただいた、私共夫婦にとってかけがえのないアシュラムです。その時のお礼に、少ないながら多少の寄付をさせていただくために再訪したのです。牧野さんにはただ通訳をお願いしただけのつもりだったのに、この旅の列車の中や、ホテルの室の中で、私は日本での田舎暮らしやワタづくりへの想いを精一杯語ると同時に、牧野さんからはインドでの農村の問題、ガンジーさんのチャルカにかけた想いなどを、ほんとうにたくさん聞かせていただくことになりました。

帰国後の同年一〇月、牧野さんから「シャンティニケタンの近くのシムリア農場で、竹でつくる糸車の講習会が三日間あるから来ないか」という連絡がありました。たまたま牧野さんの奥さんが旅行でおらず、朝食は牧野さんがつくり、夕飯は私がつくり、夜は停電がしばしばの中、私の持ち込んだウイスキーをちびちびやりながら、たくさん話を聞かせていただきました。その時の講習会の内容は、竹を切るところからの糸車づくりでしたが、糸車づくりやワタ繰り機づくりなどは今の私の仕事のメインの一つになっています。

一九九三年には亡くなった妻との間の子ども三人を連れ、アラハバードのサンガム、デリーのハンダさんのアシュラム、ワルダなどを約三週間ほど訪れました。そのうちのワルダやカルカッタでの一週間以上を牧野さんと一緒に過ごし、ワルダでは日本山妙法寺にお世話になりながら、ガンジーアシュラムやビノバジーのアシュラム、チャルカ工場等々を案内していただきました。

その後私は一九九九年にガンジージーのチャルカへの想いをまとめた本『ガンジー・自立の思想』（田畑健編／片山佳代子訳／地湧社刊）を出版することができました。

今私は、二〇数年にわたって、千葉の鴨川の山奥で自然卵養鶏と和棉農園を仕事としていますが、これからもガンジーさんのチャルカの思想、衣・食・住の自給の大切さを実践し、伝えていきたいと思っています。

牧野さんとの出会いは、私のそれまでの人生に大いに確信をもたせていただき、広く導いていただいたものとなりました。ほんとうに感謝しています。

鴨川和棉農園　田畑　健

参考文献

●吉村武夫『綿づくり民俗史』青蛙房、一九八二
●村山高『世界綿業発展史』日本紡績協会、一九六一
●日比暉『なぜ木綿？』日本綿業振興会、一九九四
●柳田国男『木綿以前の事』岩波文庫、一九七九
●高村直助『近代日本綿業と中国』東京大学出版会、一九八二
●吉岡昭『インドとイギリス』岩波新書、一九七五
●角山栄『産業革命の群像』清水書院、一九八四
●加藤祐三『イギリスとアジア――近代史の原画』岩波新書、一九八〇
●角山栄・村岡健次・川北稔『産業革命と民衆』生活の世界歴史〈10〉、河出書房新社、一九九二
●土屋彰久『世界史のおさらい』自由国民社、二〇〇八年
●K・クリパラーニー編『抵抗するな・屈服するな――ガンジー語録』古賀勝郎訳、朝日新聞社、一九七〇
●モハンダス・カラムチャンド・ガンジー『ガンジー自叙伝――真理の実験』池田運訳、講談社出版サービスセンター、一九九八
●M・K・ガンジー『ガンジー自立の思想――自分の手で紡ぐ未来』田畑健編・片山佳代子訳、地湧社、一九九九
●マハトマ・ガンディー『ガンディー魂の言葉』浅井幹雄監修、太田出版、二〇一一

●M.K. Gandhi : Hind Swaraj or Indian Home Rule. Navajivan Publishing House, 1962; 1st ed. 1938
●M.K. Gandhi : Khadi (Hand-Spun Cloth): Why and How. Navajivan Publishing House, 1959
●ロマン・ロラン『マハトマ・ガンジー』宮本正清訳、みすず書房、一九七〇
●森本達雄『ガンディー』人類の知的遺産64、講談社、一九八一
●ハリーバーウ・ウパッデャイ『バープー物語――われらが師父、マハトマ・ガンジー』池田運訳、講談社出版サービスセンター、一九九八
●池田運『インドの農村に生きる』家の光協会、一九六四
●ドミニク・ラピエール他『今夜、自由を――インド・パキスタンの独立（上・下）』杉辺利英訳、ハヤカワ文庫、一九八一
●牧野財士『インド四十年―展望と回顧』よろず医療会ラダック基金、二〇〇一
●牧野財士『タゴールとガンディー（上下）』よろず医療会ラダック基金、二〇〇三
●アヌ・ベナルジ『ガンディーのエピソード』牧野財士訳、よろず医療会ラダック基金、二〇〇三
●ロベール・ドリエージュ『ガンジーの実像』今枝由郎訳、文庫クセジュ、二〇〇二

私が田畑健と出会ったのは、二〇〇〇年の、鴨川での糸紡ぎワークショップでした。当時の彼は、大工さんと一緒に自宅をつくり終え、ショベルカーを操り、新たなニワトリ小屋づくりの最中でした。顔は毎日の外仕事で日に焼けて、腕の筋肉は盛り上がり、ワタを語る目はキラキラ輝いていました。一二年前に奥さんを亡くし、男手ひとつで田舎暮らしをしながら三人のこどもを育て上げた波乱万丈の人生を送っていたからでしょうか、厳しさと、上っ面ではない心の奥のやさしさを感じました（のちに「むしろ三人のこどもに助けられた」と言っていましたが）。私は彼のファンになり、結婚し、二人の子宝に恵まれました。

私が知るこの一三年間、彼は日本棉の品種の保存、タネのプレゼント、糸紡ぎ・機織りワークショップをはじめ、ワタ繰り機（タネを取る道具）づくりや、一般的には非常に難易度の高い本格的な高機での機織り技術の簡素化・ワークショップを開催したり、日本独自の紡績（和紡績）であるガラ紡機を作成するなど、ワタにまつわるたくさんのことをおこなってきました。特に、ワタ繰り機は、過去のワタ繰り機づくりの職人たちの腕を超えるような、スルスルとよくタネが取れるものができたと自負しておりました。
また、この本の思想編のもととなる原稿は、すでに二二年前に書かれていたという先見性にも驚かされます。

彼がどうしてここまでワタに夢中になったのか。

彼がよく言っていたのは、「ワタって、気持ちいいよね」ということです。難しいことを言わなくても、誰にとっても、ワタは触ると気持ちがいい、これが基本だと思います。そのワタのタネが絶滅したら、困りますよね。日本の気候風土に合ったワタを守る。先人たちの残してくれたワタの文化を守ることは、日本の危機管理、という意味もあります。

彼が一番好きな音楽は、ジョン・コルトレーンの「サンシップ」という曲だそうですが、あるとき彼が分析したのは、「ワタ摘みに連れてこられたアフリカの奴隷たちが、自分に何か代弁してくれと言っているような気がする」と言っていました。そのような見えない何かが、彼に力を与えたのかもしれません。

彼がどうやってこのような彼になったのか。

彼は中学二年生のときに、父親を亡くしていますが、それ以来、生きる意味や天命について深く考えるようになったそうです。他にも、彼がよく言っていた言葉が象徴しています。

「やれない理由を考えるんじゃない、やれる理由を考えろ」「人生は賭けだ、博打《ばくち》だ」「手足を正しく使って、生活に必要なものを手に入れること」「太陽はすべてのみなもと」「衣食住・愛が大切」

二〇一三年一二月、田畑健は病気で亡くなりました。その八か月前に、彼が五人の娘たちに残した、「ガンジーのチャルカの思想のスーパー超訳」から少し引用します。

「…農村には、一見、何もないように見えるが、実はそこには何でもある。自分の手足を使って、自然の恵みをありがたくいただく生活をすれば、そこには、自分の幸せもみんなの幸せも充分満たすに足るものがある。これは幻ではなく確かなことなのだ。そのためには、自分の手足を正しく使い、畑を耕し、山の木を大切にし、生活に必要なものを手づくりすることだ。そのことで生活に必要なものは、大切な愛情のこもったものとなり、その中で人は幸せに生きていけるのだ。

その時の呪文・おまじないが、自分の手足で畑でワタを育て糸車を回すというおこないだ。現代社会の人の迷いや不安や、生きる喜びの喪失感などをぬぐい去るおまじないとして、ブーンブーンとチャルカをまわすのだ」

まだ病気が発覚する前、彼は「俺はこの本をつくってしまったら、他にやることがなくなってしまう」と言っていました。そのような、彼が人生を懸けたこの本が出版されたことは、本当に大きな喜びです。

これから、鴨川和棉農園代表として、彼の残してくれたもの、先人たちの残してくれたものを大切にし、自分の布をつくって使って、和綿のことを伝えていきたいと思います。なんていったって、ワタは気持ちいいですから！

二〇一四年一月六日

鴨川和棉農園　田畑　美智子

ワタが世界を変える

衣の自給について考えよう

田畑健

地《ち》湧《ゆう》社

技術編
日本のワタを育てよう

田畑健［たはた たけし］
1951年東京都生まれ。'81年、東京の会社を辞め、都内の市民菜園で日本綿の栽培をはじめる。'86年、千葉県鴨川市に移り住み鴨川和棉農園を開く。'87年、インドでマハトマ・ガンジーの「チャルカの思想」に出会い、"衣"を通して生き方全体を考えるようになる。自然卵養鶏、米・野菜作りの他、ワタに関わる道具作りや、糸紡ぎ・手織りのワークショップを開催し、また、絶滅しかけた和棉の種を守る活動を続けた。編著に『ガンジー・自立の思想』（地湧社刊）。2013年没。

鴨川和棉農園
〒299-2856 千葉県鴨川市西317-1
TEL.04-7092-9319

ワタが世界を変える
衣の自給について考えよう

2015年10月20日　初版発行

✺著者――――――田畑 健　©Takeshi Tahata
✺発行者――――増田 圭一郎
✺発行所――――株式会社 地湧社
〒101-0044　東京都千代田区鍛冶町2丁目5-9
電話03-3258-1251　FAX.03-3258-7564
URL　http://jiyusha.co.jp/
✺編集協力―――植松明子
✺装幀・デザイン――岡本健＋遠藤勇人［okamoto tsuyoshi+］
✺印刷――――――中央精版印刷株式会社

万一乱丁または落丁の場合は、お手数ですが小社までお送りください。
送料小社負担にて、お取り替えいたします。

ISBN978-4-88503-235-6

〈技術編〉日本のワタを育てよう　目次

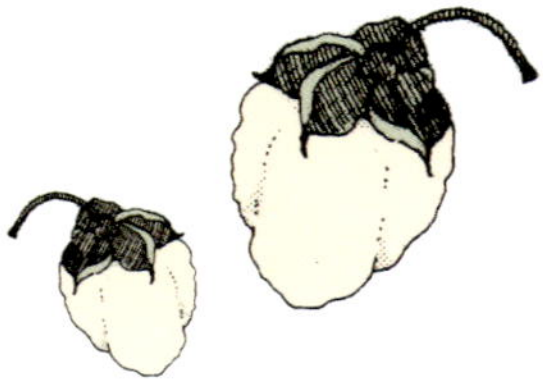

Part 1

日本のワタを育てよう

ワタは、毎年5月上旬〜下旬に種をまくと、8月には花が咲き、10月初旬から収穫ができます。ワタは黄色いきれいな花を咲かせます。コットンボールからはじけたワタは、糸にしたりふとんにしたり、ドライフラワーやリース作りなど、様々な形で楽しむことができます。この章では、畑での栽培と、プランターでの栽培方法とをご紹介します。ぜひご自分の手でワタを育ててみてください。

栽培をはじめるまえに……………………………………………

◆「綿」と「棉」の違い

普段、目にする「綿（めん／わた）」という字。これは、収穫したワタから種をとりのぞき、繊維のみになったワタを指し、**糸偏**で表記します。それに比べ、畑で育つワタから、種つきワタまでの植物としてのワタを、「棉」と**木編**で表記しています。

◆日本棉（和棉）と米棉について

市販のワタの種や、一部の団体などで配布している種の中には、日本棉（和棉）ではないものがあります。日本棉は、比較的低温・多湿な日本の気象条件でも良く生育しますが、米棉などは日本の気候風土に合いません。実（コットンボール）は結実しますが、温暖地以外の栽培では、実が熟してはじけるのが日本棉よりも相当遅くなり、霜にやられて腐ったりします。また、米棉には虫がつきやすく、葉をくるくると巻いてしまう葉巻虫をはじめとして、色々な虫が寄って来ます。米棉は上を向いて実をつけますが日本棉は下に向かって実を付けるので、雨や湿気の影響を受けにくい日本の気候にあったワタといえます。

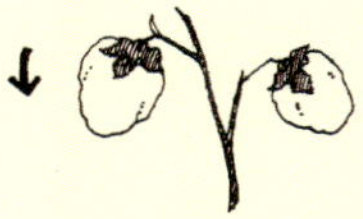

日本棉の実は下向き

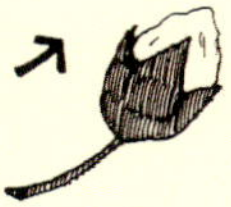

米棉の実は上向き

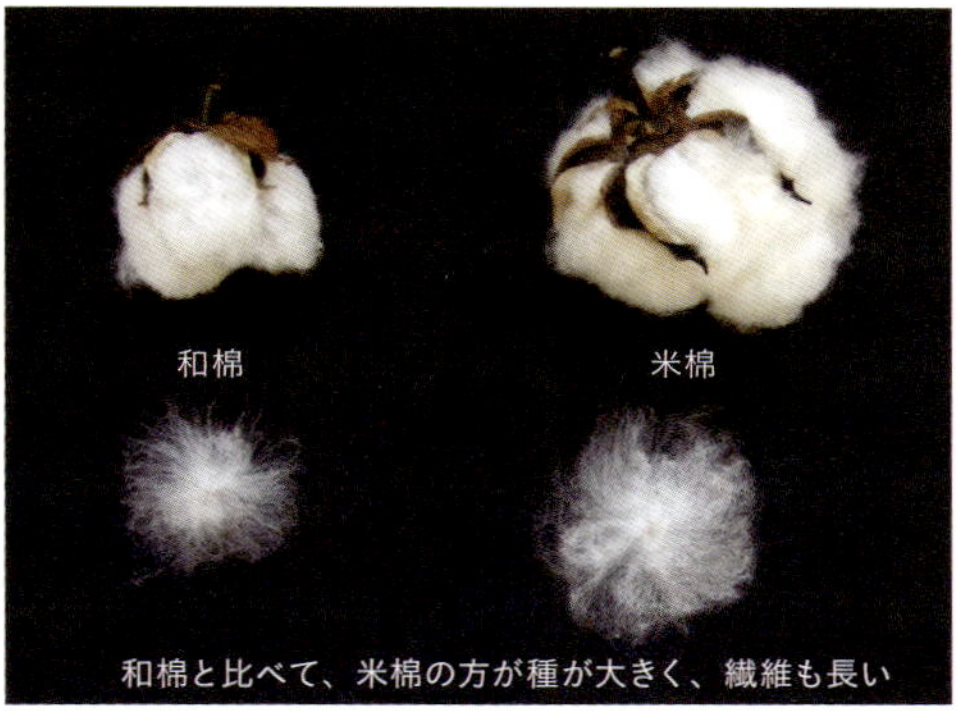

和棉と比べて、米棉の方が種が大きく、繊維も長い

◆栽培に適した気候（栽培の北限）

日本での栽培の北限は山形・新潟あたりで、それより北の寒い地方での畑での露地栽培は難しいでしょう。しかし記録によれば、山形県米沢市・福島県会津盆地一帯・宮城県の海沿いの地域などでも栽培されていたので、それより暖かいところであれば、一部標高の高い山間地などを除いてどこでも栽培できるでしょう。一般に盆地は夏が暑く、冬は厳しく寒いものです。日本棉は夏が暑ければ暑い程、よく育ちます。

1. 畑での栽培

畑の条件

畑は、「日当りと水はけが良く、アルカリ性の土であること」を条件とします。日当りの良くない畑では実のつきが悪かったり、実がよく弾けなかったりします。水はけが悪いと、根の生長が極端に遅れ、その後の生長も見込めなくなります。酸性の畑（注1）では、発芽しても双葉が赤く縮こまって、その後も生長しなくなります。ワタはアルカリ性の土を好むので、酸性の土だと思ったら、種まきの1週間から10日ほど前までに、木灰・石灰などをすき込みましょう。すき込む石灰の量は、目安として1反（300坪）で200kg位です。畑の面積から逆算して石灰量を決めてください。もちろん木灰があれば一番良いですが、その場合は、1反で200kg以上必要で、入れ過ぎということはまずありません。

注1. 日本では一般に雨は酸性なので、石灰などのアルカリ分を補給しない畑では酸性土壌になっています

肥料について

ワタは「実とり作物」なので、あまり肥えた畑(窒素分が多い畑)では、茎葉ばかりが大きく育ち、よく実を結びません。一般に、前作に野菜を栽培していた畑では、肥料は石灰以外、ほとんど必要ではありません。肥料が入っていないような畑なら、石灰と共に肥料の３要素(窒素・リン酸・カリ)がバランスよく入っている鶏糞(注1)などを種まきの２週間前までに入れて、耕しておきます。一般に植物は、はじめ茎葉の生長の時期(栄養生長期)には窒素肥料を多く必要とします。その後、この栄養生長期に必要な窒素肥料が少なくなってくると、次代にタネを残すための生長(生殖生長)に転換していきます。この生殖生長期に必要とされる主な肥料分はリン酸です。畑に必要以上の窒素があると、葉はいつまでも緑のままで、茎葉が大きく生長し続けてしまい、あまり良い実をつけないで枯れてしまいます。葉もの野菜の場合は、それで良いのですが、ワタのような実とり作物では、茎葉がある程度大きくなったら、窒素を含む肥料(牛糞や油カスなど)はあまり多くは入っていない状態で、主として実の生長を促すリン酸の多いもの(骨粉、糠など)が多く入っていると良い実がつきます。また、化成肥料は速効性はあるのですが、土を固くし、畑を年々豊かにするものではないので、できるだけ避けてください。「ワタは連作可能ですか？」とよく聞かれます。化成肥料で作り続ければとうぜん連作障害が出ますが、有機質肥料で作れば連作障害は出にくくなります。

注1. ただし、市販の鶏糞は、近代養鶏の結果、ホルモン剤や抗生物質などが大量に含まれているという問題があります

◆ 江戸時代に使われていた高額な肥料「干鰯(ほしか)」

江戸時代、関西方面のワタ作では、「干鰯」(鰯を干したもの)が多く使われていました。干鰯の主な成分は骨粉で、リン酸分肥料なので、ワタの実の成長には大きく役立ちました。しかし、干鰯は金肥と言われるほど高いお金を出して買うものだったので、主に換金作物としてワタを作っていた農家が使用し、自給用としてワタを作っていた農家では、めったに使うことはありませんでした。

✳ 種まきの準備

種まきに適した時期は、関東・関西標準で、八十八夜の頃（5月上旬）です。4月末から6月上旬までは種まきが可能です。寒い地方では遅霜との関係で、種まき時期を遅らせることがあります。各地でのオクラ（棉と同じアオイ科）の種まき時期と同じ頃にまくと良いでしょう。種はできるだけ前年のもの（前年の秋に収穫したワタから採れた種）を使ってください。ワタの場合は年が経つごとに発芽率が落ち、３年以上経ったものは、種子としては一般的には使えません。ワタは昔、大麦との輪作をしたので、大麦の間にタネをまいていたそうです。（小麦では収穫期が遅いので無理があります。）

タネの必要量は1反（300坪）で3～4kg、1坪では10～13gが目安です。タネの表面には繊維が密生していて、タネ同士が絡まりやすく、まきにくいので、まく直前にタネをよく水に馴染ませてから、ワラ灰など（注1）をよく手でこすりつけ、タネ同士がぱらぱらと絡まない状態にしておきます。

注1. ワラ灰などに含まれるカリは、根の生育を促すといわれています

タネに水をよくなじませる

ワラ灰などをよく手でこすりつける

さあ、種をまこう

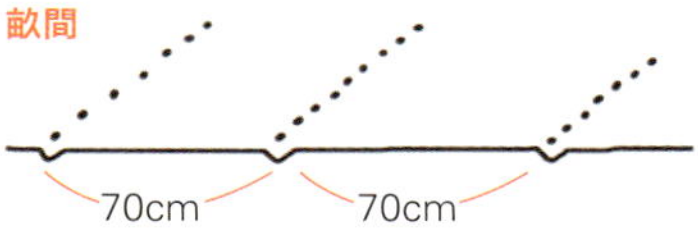

畑にまき溝をつくります。畝間は70cm位です。種をすじまきし、1〜1.5cmの厚さに土をかぶせます。重粘土の畑や土がゴロゴロしている開墾地などでは、10〜15cmの間隔で、1カ所に3〜4粒タネをまくとよく発芽します。このような所では、かぶせる土だけは柔らかい土にしましょう。雨が降る前に種をまくと発芽率がよくなります。(ただし激しい雨の日は控えます。)

土寄せ・除草はしっかりと

こまめに草を取り除きましょう

種まき後、約1週間ほどで発芽します。ワタは地上の初期生育が非常にゆっくりで他の草に負けてしまいがち。日当りが充分に確保できるように、除草と土寄せをこまめに行います。土寄せをしないと台風などの強風で容易に倒されてしまうからです。ワタ栽培の成功・失敗は、この土寄せ・除草の作業が上手にできるかどうかにかかっています。

5月から6月まで、草はどんどん伸び、他の野菜にも手がかかる時期ですから、1週間もすれば草に埋まっていたということも、しばしばです。これを防ぐために、草が小さいうちからこまめにクワなどで除草し、ワタの木の元に土寄せすると良いです。草が生えていてもいなくても表土をうすく削り取り、草の発芽と生育を未然に防ぐようにします。間引きは5月

下旬～6月下旬まで、葉と葉が重ならないように数回、ワタの草丈が10cmほどになるまで行い、最終的に10～15cmの間隔で1本にして、あとは間引きます。

10～15cm 間隔で 1 本残し、間引きます

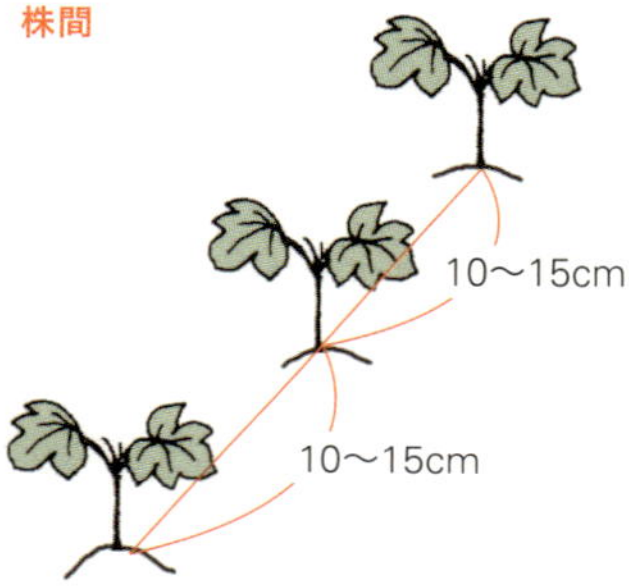

追肥

5月の初旬に種まきをした場合、約1ヶ月後には草の丈が約15cm、6月下旬で約20cmになります。肥料分のない痩せた土地では、葉が黄色くなり、なかなか大きくなりません。生育を見ながら鶏糞や油カスなどを追肥しますが、追肥は7月中旬まで、それ以降は与えません。あまり肥えた畑では茎葉ばかりが茂り、実がよくできなくなります。

摘心

6月中は草丈は20cm程ですが、7月に入ると急に伸びます。7月中～下旬には50cm以上になるので、人の腰の高さ位で株の先端を折って生長を止め、木の徒長を防いで、結実へと向かわせます。この摘心をしないと、大きいときには草丈が1m 以上になり、風などで倒れやすく、実もあまりつきません。（プランターでは畑で栽培するのに比べて背丈は大きくならず、せいぜい50 ～ 60cmです。）

腰の高さ位までに育ったら一番上の部分を摘み取る

水やり

生育期間（5月頃）に、あまり乾燥が続くようなら、水やりをできる畑ではしてください。晴天が続く日の水やりは「水やりだけでも肥やしになる」と、昔の人は言いました。しかし6月に入れば梅雨となるので、平坦な畑では、乾燥の心配よりも、むしろ排水をよくしてやるように気をつけます。排水がよくないと、根の生長が極端に悪くなります。

開花・結実

だいたい7月中旬から9月にかけて、黄色い花が咲きます。花の落ちた後に、実（コットンボール、また桃の形をしているのでモモとも呼ぶ）が付きます。この時期に雨が多いと実の出来が悪く不作となり、好天続きならば豊作となります。9月〜12月にかけて、実（コットンボール）が枯れはじけて、中から白いワタがふきだします。

❶黄色の花が咲く

❷次第にピンクから赤い色になりしぼんでいく

❸花が咲き終わる頃、コットンボールの赤ちゃんができる

いよいよ収穫です！

良くはじけて垂れ下がるようになったワタを、晴れた日中に、ゴミを除きながら収穫します。収穫最盛期には2〜3日おきに畑を巡り、ワタを摘みとります。よく噴き出ていない未熟なものは、良質なワタになりません。布団綿などにするなら多少は未熟なものがあっても問題ありませんが、糸紡ぎ用の場合は特に、なるべく未熟なワタは混ぜないようにします。また11月の後半に入ると葉が枯れ始めて、枯れた葉片がワタに

付きやすくなるので、収穫時にはなるべく小まめにゴミを除きながら収穫します。

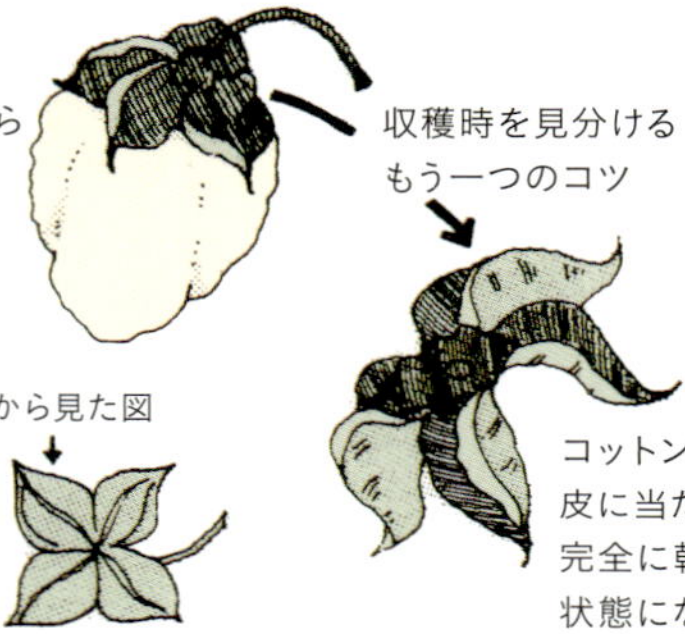

ワタがふかふかになって
垂れ下がるようになったら
収穫します

収穫時を見分ける
もう一つのコツ

裏から見た図

コットンボールの
皮に当たる部分が
完全に乾いてめくれあがった
状態になったとき！

クリスマスリースの
飾りになりそうな形です

収穫後は天日干しで、晴天の日でも2日ほどは十分に乾燥させます。その後、湿気の入らない密閉容器や、厚手のビニール袋等で保存します。収穫量は、良い天候の年で、種付きのワタが1反（300坪）あたり100kg位、種子がその重さの約70%で、ワタの繊維は30%位です。

我が家では網戸の上で広げて干しています

2. プランターでの栽培

✳ はじめに

ワタはプランターや鉢の栽培でも良くできますが、畑での場合ほど大きくならず、実も沢山はつきません。プランター栽培での一番の問題は、水やりです。ワタは地下に垂直に伸びる根（直根性）なので、畑では多少表土が乾いていても、地下深くの水分を吸い上げるので問題ないのですが、プランターや鉢植えでは畑に比べて土そのものが少ないので、ワタが大きく育った夏期には朝晩のように水やりをしないと、葉がしおれてぐったりしてきます。そのためプランターでの栽培限度は3〜4本、鉢なら10号鉢（直径30cm位）で2本位までと考えておいてください。

✳ プランターを置く場所

プランターは、できるだけ日当りの良い場所に置いてください。1日に2〜3時間しか陽が当たらないような所では、ワタの栽培はできません。少なくとも、半日以上は陽が当たる所でないと、木は生長しても実はほとんど付きません。

✳ プランターに入れる土

プランター下層の5cm位には、水はけの良い鹿沼土などのゴロ土を入れます。上部には木灰や石灰と肥料分を混ぜた土を入れます。石灰なら軽く、半にぎり程、木灰なら1にぎり程度を目安とします。肥料分は鶏糞1にぎりか油粕を軽く1にぎりずつ位。そしてたっぷりと水やりをします。種まきの一週間以上前に、このような土をあらかじめ用意しておきます。また11月の後半に入ると葉が枯れ始めて、枯れた葉片がワタに付きやすくなるので、収穫時にはなるべく小まめにゴミを除きながら収穫します。

✳ 種まき

種まきは、なるべく5月上旬〜5月下旬の間にします。1カ所に5〜6粒を、10円玉の円径くらいの円になるように、深さは5mm〜1cm位（種まきの時にかける土の量は、種の厚さの3倍程度が良いと言われています）。1つのプランターに3カ所を目安にまきましょう。種まき後は、静かに水をかけます。

✳ 間引き

種まき後の1週間から10日程で発芽しますが、5月中はあまり大きくなりません。この時期には地上部よりも地下部（根）が生長しています。約1ヶ月経って草丈が10cm程になったら1回目の間引きを行い、1カ所につき2本位にします。そして6月中旬頃、草丈が約15cm以上になったら、1カ所に1本になるよう間引きます。

✳ 除草・肥料（追肥）・水やり

雑草は随時、手でこまめに取りましょう。肥料は元肥がしっかりしていれば、あまり追肥の必要はありませんが、あまり発育が遅いようなら、薄い油粕の液肥などを施します。葉の色が緑色をしていれば、追肥は必要ありません。水やりは、雨水のかかる所なら梅雨時までは、あえて毎日する必要はありません。梅雨が明けて夏の暑さが続くようになったら、できれば朝晩、少なくとも1日1回は、水が底から流れ出すまで、たっぷりと水をあげましょう。

摘心

草丈が40cm位になったら摘心をします。7月中～下旬頃、主枝の先を指でつまんでカットして摘心すると、側枝の生長が促され、実つきが良くなります。

開花・結実～収穫については、畑での栽培と同様になります。
「畑での栽培」08～09ページをご覧ください。

Part 2

日本のワタを紡ごう

ワタを収穫したら、糸を紡いで布を織ってみましょう。
この章では、ワタから種を取り除き、糸を紡ぐまでの
過程を、順をおってご紹介します。

1 ワタ繰《く》り

収穫したワタから種を取り、繊維と分ける作業を「ワタを繰る」といいます。少量なら手でもちぎり取れますが、量が多い場合は道具を使います。

✳ はじめに

収穫後に一度干したワタでも、保管している間に湿気を含んでしまうため、ワタ繰りをする前に、充分な天日干しをしておきましょう。よく乾燥させたワタは、種が取りやすくなります。

✳ 手での繰り方

1. 種つきワタの種を、左手の親指と人差し指でしっかりとつかむ
2. 右手の親指と人差し指でワタの繊維を少しずつ、強く引っ張る
3. そのままちぎるようにして引き離す

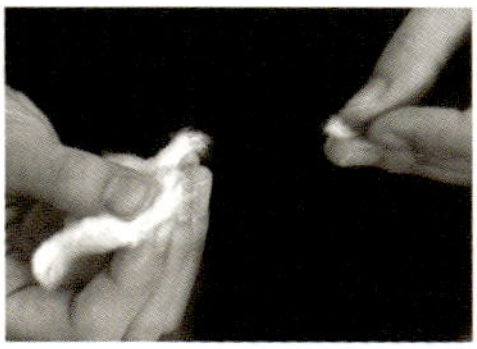

POINT

ワタの繊維は、種の表皮細胞が伸長したもので、種にしっかり固着しています。一度にたくさんの繊維を引き離そうとせず、少しずつ繊維を持って引き離すのがコツ。

◆**繰る（くる）**という言葉は現代ではあまり使われませんが、漢和辞典で**繰る**を引くと、「順々に引き出す」とか「順に送る」とのっています。

✳ワタ繰り機について

日本のワタ繰り機

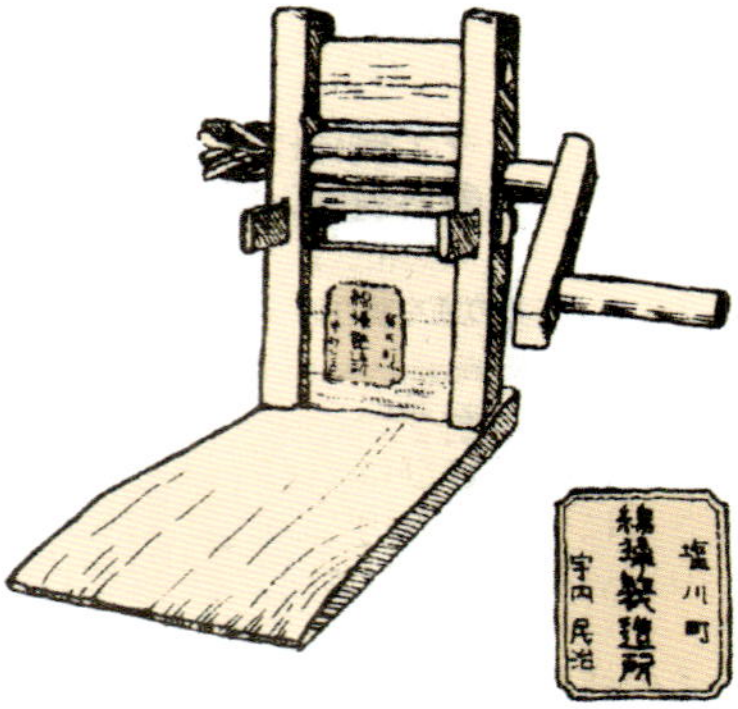

日本では、古くから現在の形のようなワタ繰り機が使用されていました。その名は地方によって様々で、一般には「ろくろ」と呼ばれ、「たねきり」とか「くりでえ」と呼んでいたところもあるそうです。

◆インドで使われていた道具

インドのごく原始的なワタ繰りには、下図のような道具が使われていました。板の上に種つきワタをのせ、両手で鉄の棒の両端を持ち、ワタをしごきながら種を取ります。鉄の棒を手で押しつけながら回転させてワタの種と繊維を分けます。これは一見、簡単そうに見えますが、熟練された技が必要で、非常に難しいです。

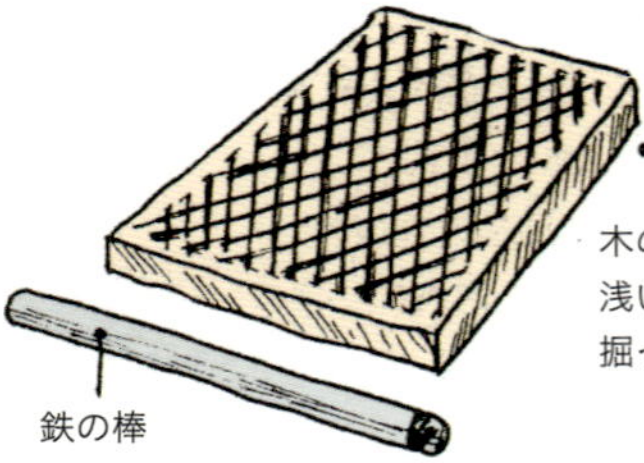

※「Handspun and Handwoven Textiles ofPondurn」by Crafts Museum All INDIA Handicrafts Board New Delhi」より

✳ 日本のワタ繰り機を使ってみよう

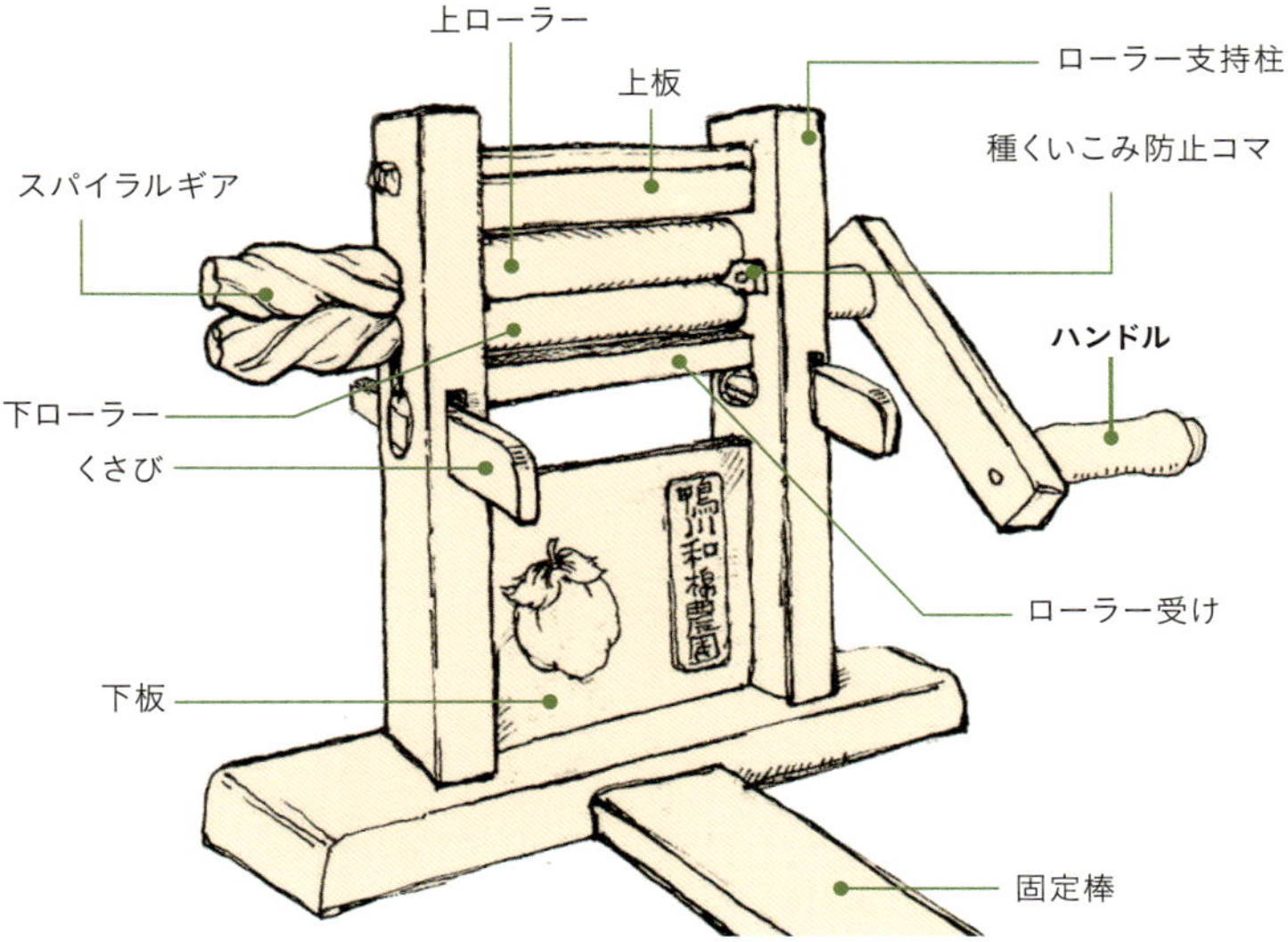

◆ ハンドルについて

右利きの人はこのまま使用します。左利きの人は、くさびをはずし、上下2本のローラーの左右を逆に入れ替えて使用します。

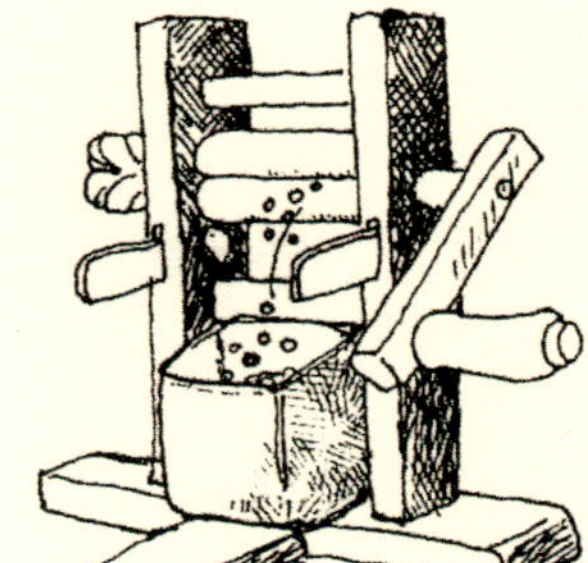

ワタ繰り機から落ちた種を集めるのには、左右2本の支持柱の間にきちっと挟み込める幅の箱（牛乳パックなど）を利用すると便利です。

❶ ワタ繰り機の固定棒をしっかりと踏むか、固定棒の上に座布団などを敷いて自分の体重がかかるようにして座ってワタ繰り機を固定する。

❷ ハンドルを矢印方向にまわしながら、もう片方の手に持ったワタを、2本のローラーの間に少しずつ入れていく。ワタの繊維だけが2本のローラーの間に通り、種が手前に残って下に落ちる。

POINT

●ワタを一度に多く入れずに少しずつ入れましょう

●ローラーの両端を使わずに中央を使いましょう

ローラーの左右にタネの食い込み防止のコマが付いているものに関しては、中央だけでなくローラー全体を使うことができます

●ローラーの間に種が引っ掛ってたくさん残っている時は、一度ハンドルを逆回転させて再び正回転させ、種をきれいに落としてからワタを入れるようにします

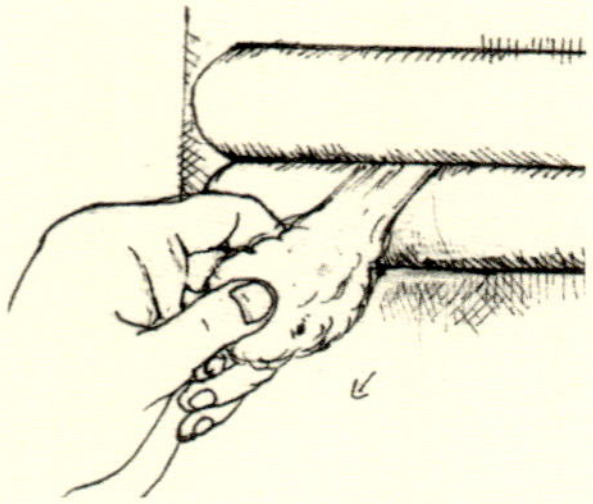

ハンドルがスムーズにまわらなくなった時は、ローラーの間につぶれた種が入っている可能性があります。無理に力を入れてまわさず、一度逆回転させてその原因となっているものを取り除いてから、再び正回転させてください。

■調子が悪いときの解決方法

ギーギーと音がする・種がうまくとれない

❶ ローラー受け軸とローラー軸との接触部分の形状が合っていないことが主な原因。

❷ 2本のローラーをしめ過ぎない。

❸ くさびの差し込みが緩く、ローラーが繊維を引っ張れずに種が取れない場合には、くさびを少し強く打ち込んでみる。ただし、強く差し込みすぎてギーギーと音が強くなったり、ローラー回転が重く、きつくなった時は、くさびを少し緩める。

❹ 2本のローラーの隙間が左右に均等にあるか確認する。ワタ繰り機の状態によっては下図の様に真ん中がすり減っているものがあり、このようなローラーではよく種が取れない。

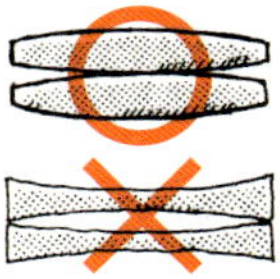

❺ 未熟な種を入れないようする。
油（グリス）が切れて滑りが悪くなっている場合は油を塗る。（次ページ参照）

※昔はワタの種を絞り取ったカス（黒くてドロドロしたグリス状のもの）を塗っていた

ワタ繰りの作業中にくさびがゆるんでくる

くさびの厚さに折りたたんだ新聞紙を水で湿らせくさびと一緒に差し込む。

◆鴨川和棉農園製のワタ繰り機には、くさびの位置を固定する穴があるので、つまようじ等の木片を差しこむと、くさびがずれにくくなります。

ワタの繊維がローラーに絡みつく

●ローラーに油分がついていて、繊維がべとついている場合

油分をきれいに拭き取る

●上のローラーにワタが引っ掛かっている場合

上板がローラーとぎりぎりに接するように調整する。（ローラーの上板はワタの繊維が絡むのを防止する役割がある）

●ローラーにキズがある場合

200～400番台の紙ヤスリを使って、キズ部分にワタの繊維がひっかからない程度に修正する

■油（グリス・ワセリン）を塗る手順

❶ 2本のくさびをはずし、ローラー受けと上下のローラーを下にずらして引き出す。

❷ 以下の部分にグリス、又はワセリンを塗る。

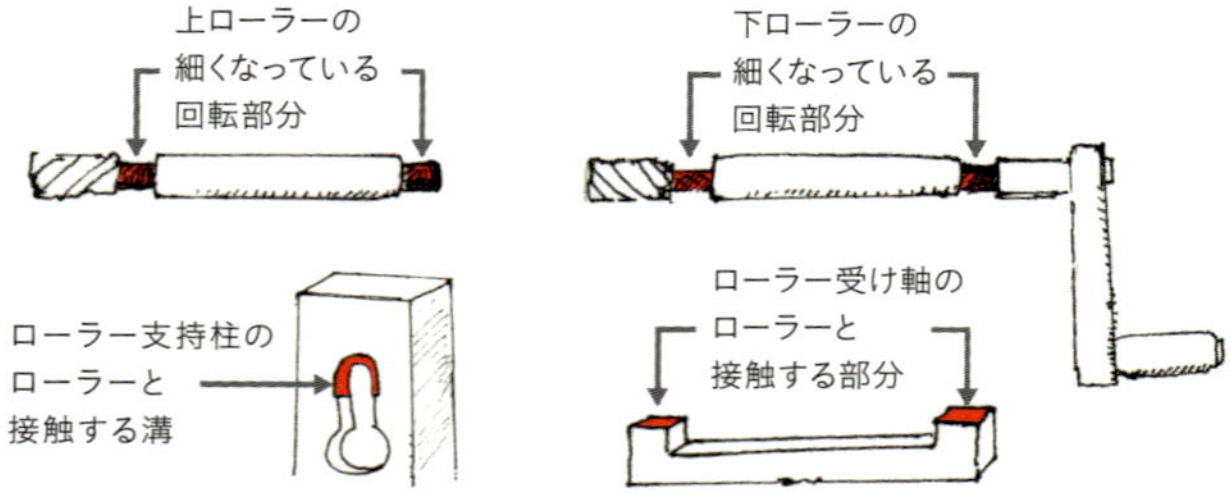

❸ 塗り終わったら、上下のローラーとローラー受け軸をワタ繰り機にセットし、くさびを左右同じ力加減で、軽く差し込めるところまで入れ、さらに力を入れて差し込む。

◆あまり多く塗ると、はみ出してローラーにワタがからみつく原因となるので、注意する。スパイラルギア部分には、ごくまれに薄く塗るだけでよい。

■ワタ繰り機の保管

ワタ繰り機は生きた木の製品なので極度の乾燥、湿気によって狂いが生じます。直射日光の当たるところ、高温になるところ、湿度の高いところには長期間置かないでください。

2 ワタ打ち

糸を紡いだり布団を作るためには、固まっている繊維をほぐすことが必要。日本では弓で打ってほぐすことから、この作業を「ワタ打ち」と呼びます。

✳ はじめに

インド、中国、日本などの東洋では、弓でワタを打つことで、固まった繊維の方向をできるだけランダムにしてほぐしていました。一方、西洋ではカード機（carder）を使い、2本のハンドカーダーの針で一定方向にワタを梳《す》くことで、繊維の方向を一定にそそろえてほぐします。これは主に羊毛を梳く時と同じ方法です。弓でのワタ打ちと比べて、ほこりがあまり飛ばず、場所もとらないので、ワタが少量の場合は手軽にできます。現在は、機械を使ってワタ打ちをする場合、基本的には全て大型のドラム・カード機を用いています。

✳ ハンドカーダーを使った梳き方

ハンドカーダーは少しわん曲した板の上に細かい針が多数、整然と埋め込まれているもので、2本で1セットになっています。羊毛用とコットン用があるのでコットン用を使ってください。

※羊毛用は針が大きく、まばらについています。コットン用は羊毛用に比べると針が細く、密についているので、ワタをきれいにほぐすことができます。

■手順

❶ 左手に持ったカーダーの上に少量のワタをのせ、ワタの端を押さえながら、少しずつ右手で引っぱるように、まんべんなく針に引っ掛ける。

POINT
薄く均一に広げるようにしましょう。一度に多くを梳こうとしてもきれいに梳けません。

❷ 右の写真のように、両手でカーダを持つ。

❸ カーダーのカーブに沿わせて、右手のカーダーを引き、左手のカーダーから、少しづづワタを移しとって梳いていく。

❹ 右手のカーダーに移ったワタを、再び左手のカーダーに移しとる。

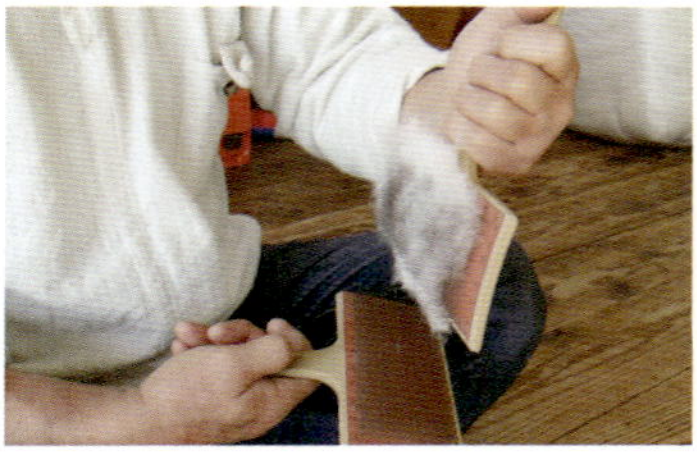

❺ ❸と❹を1〜2回くりかえす。ほぼ繊維のかたまりがほぐれ、糸紡ぎができる状態になる。

POINT

あまり強く何回も梳くと、ワタの繊維が折れて、きれいにほぐれないので注意しましょう。

✳竹の弓を使ってのワタ打ち

右の図は**「人倫訓蒙図彙」**（じんりんきんもうずい）。1690年（元禄3年）刊に掲載されている、小さな竹に弦を張った弓でワタを打っている絵です。

私は20数年前にインドへ行き、弓打ちや糸紡ぎの勉強をしてきました。アーメダバードのガンジーアシュラムで、全く同様の弓を使ってワタ打ちをしたことがあります。インドでも大型の弓を使ってワタを打つのと併行して、この小型の弓でも少量のワタを打っていました。日本でも同様に小型の弓を使ってワタ打ちをし、糸を紡いでいた女性の染色作家の先生にお会いしたことがあります。小型の弓は、簡単に作ることができるので、その方法を紹介します。ぜひ自分で作ってみてください。ただし、弓打ちは風のない室内で行うため、ワタぼこりがたくさん出るのでご注意を。

■竹の弓を作ってみよう

材料

弓：**丈夫な竹…2〜2.5cm幅のもの1m**

●剣道で使用している竹刀（しない）を利用するとよいでしょう。

弦：**テニスガットなどの丈夫で伸びづらい細めの糸**

●日本やインドで木綿のたこ糸を使用しているものがありますが木綿糸はワタが弦に絡みやすいのであまりおすすめしません。

作り方

❶ 竹の両端から1〜1.5cmの両脇に、弦を止める溝を3mm位つける。

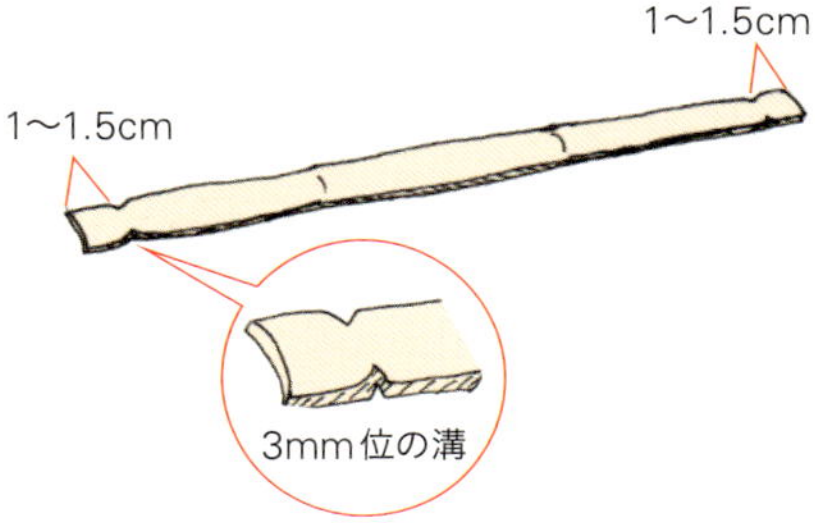

❷ 竹の一方の溝に、弦のヒモをほどけないように結ぶ。竹を曲げ、もう片側の溝に、はずせるようにして弦をとめる。

POINT

テニスガットの糸はすべりやすいので、通常の結び方ではするりとほどけてしまいますが、釣り針にテグスを付ける時の結び方だとほどけません。

弦の結び方

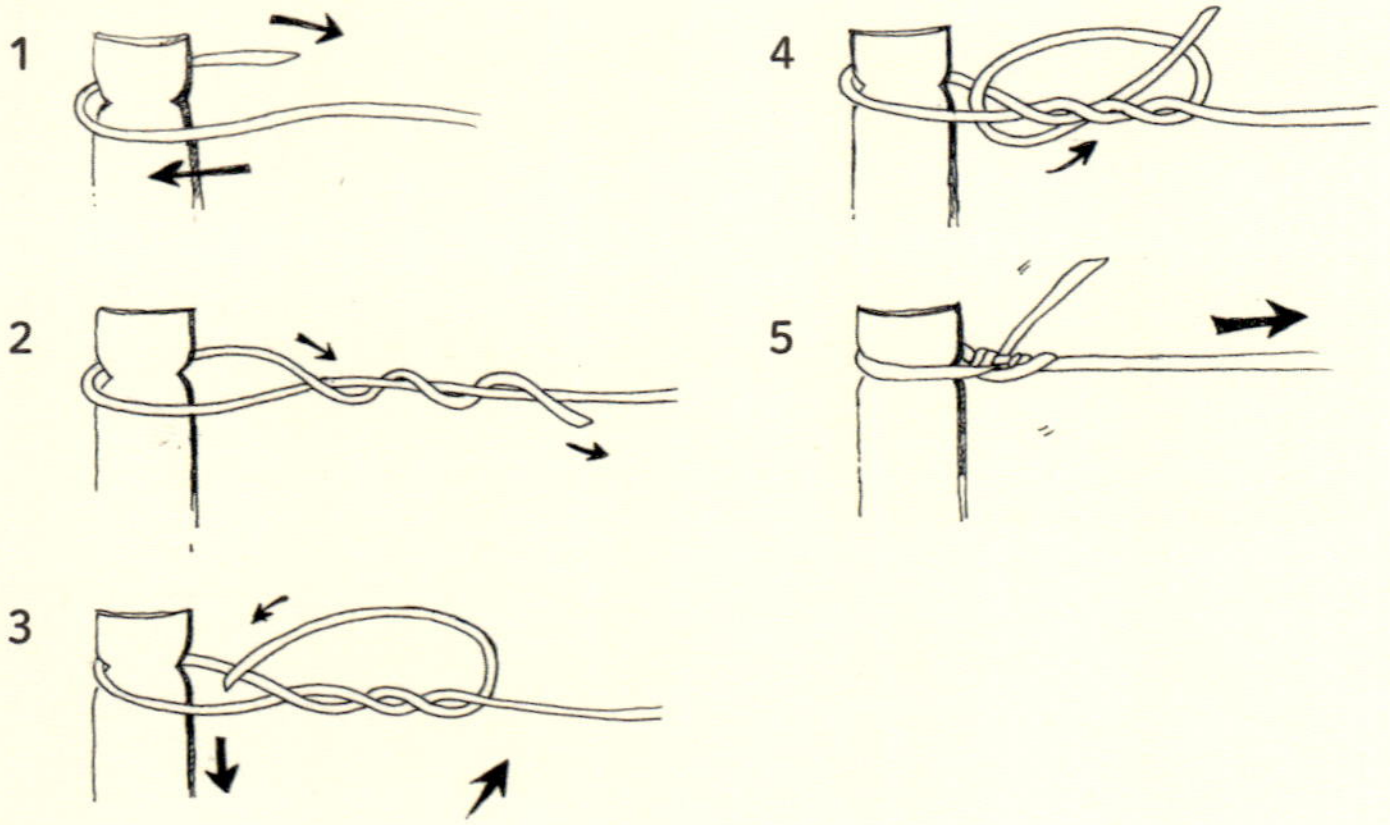

■保管の仕方

弓打ちが終わったあとは、弦を張ったままにしておくと竹が曲がった状態になって、張力が失われるため、片側の弦の結び目をゆるめてはずし竹のしなりを元に戻した状態にして保管します。

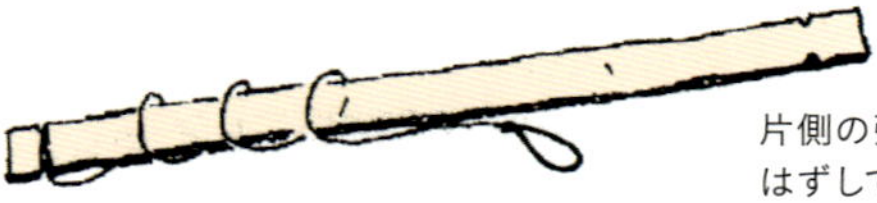

片側の弦の結び目をゆるめてはずしておきます

■竹の弓の使い方

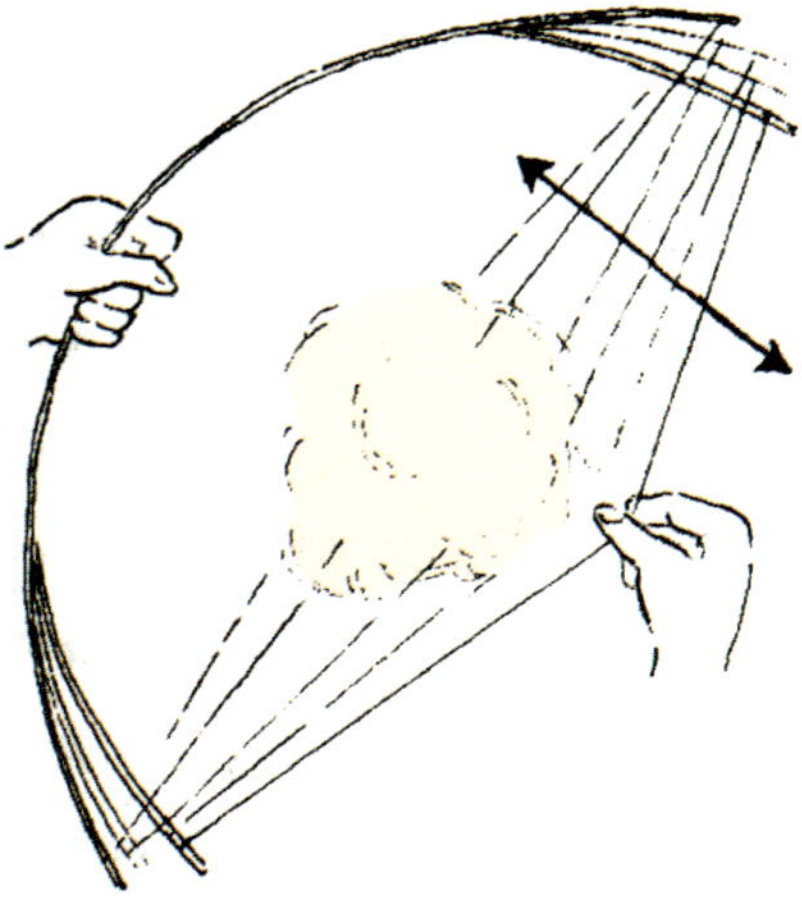

竹の中央よりやや左側を、左手でしっかりと持ちます。ワタの中を弦がくぐる様にして右手の親指と人差し指で弦をつまんでひっぱって離します。このようにして弦を弾かせ、2〜3回ワタを打つと、ワタのかたまりがほぐれ始めます。同時に弦にワタが絡み付くので、取り除くために弓をワタのかたまりから離し、上に持ち上げて2、3回空打ちをします。竹の弓の場合は張力が弱く、空打ちしただけでは簡単に取れないので、絡んだワタを手でていねいに取り除く必要があります。(これをしないとワタを打つたびに絡み付いたワタが増え、固くこびりついて取りづらくなるので注意。)

以上を繰り返し、徐々にワタの固まりをほぐしていきますが、竹の弓ではなかなか均一にほぐれないので、ある程度糸が紡げる位までになればよしとしましょう。ハンドカーダーや唐弓できれいにほぐしたワタに比べ、糸を紡ぐと多少デコボコができますが、それも手紡ぎの風合いだと思えば面白いものができます。

◆1690年刊行の「人倫訓蒙図彙」(じんりんきんもうずい)によると、昔の人は弦を弾くのに竹べらのようなものを使用していたようです。私が試した限りでは、弓の張力は弱く、弦に絡んだワタを取り除くのに素手が良いこともあり、指で弦をつまみ弾くほうが、能率的に感じます。竹べらの使用については各々で試してみてください。

唐弓でのワタ打ち

唐弓（からゆみ）は、江戸時代明暦年間（1655～57年）に中国より伝えられました。竹の弓でのワタ打ちに比べ、格段の作業性を発揮したので、日本各地に普及し、大正の初期まで使用されたていました。一般の人が使うことはまず無く、主にワタ打ち職人が使っていたものです。

■唐弓の構造

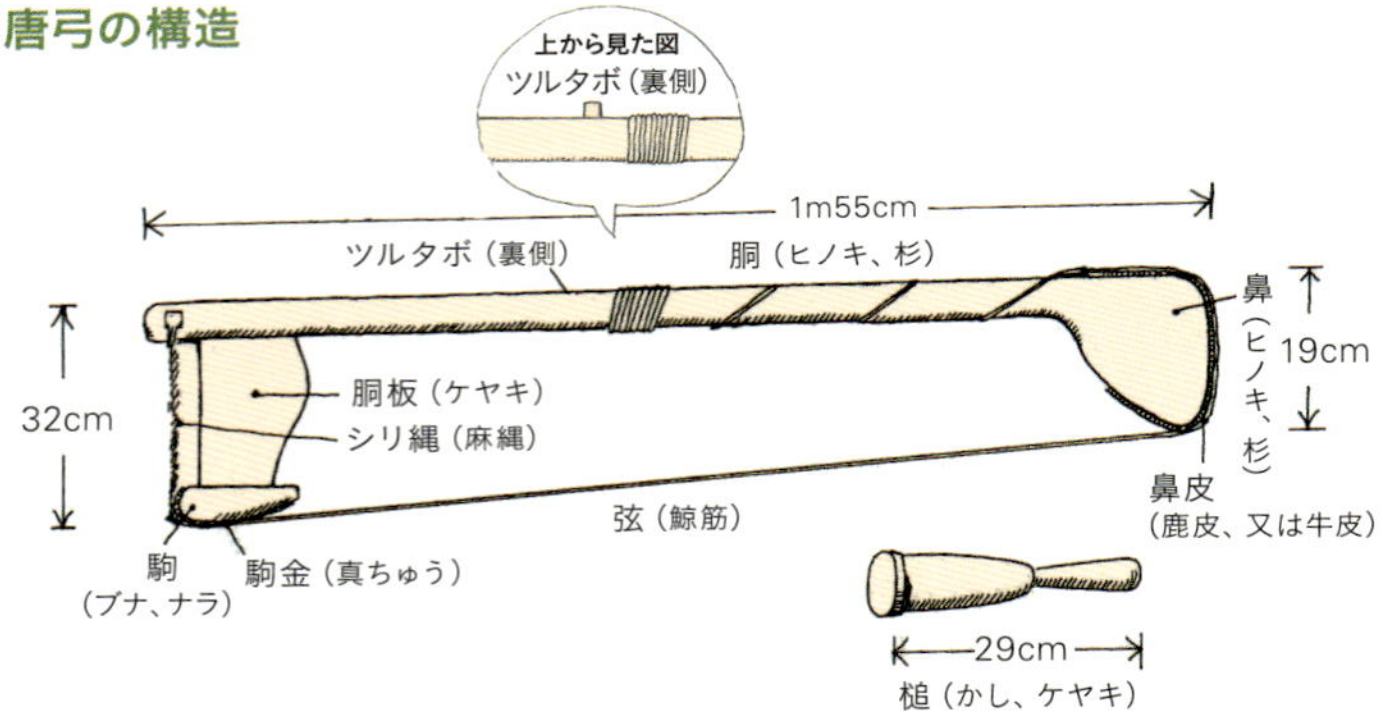

■弦について

昔はクジラのすじをより集めたものを使っていたと言われていますが、実際は麻にクジラの脂を染み込ませていたもののようです。現在、私はテニスガットを使用しています。

■槌について

昔のワタ打ち職人は、槌にいろいろな加工をして弦を弾きやすくしたので、様々な形状のものがあります。

唐弓の弦は張りがきつく、槌が重いほうが作業には楽なので、槌の上部を円筒型にくり抜き鉛を入れたもの

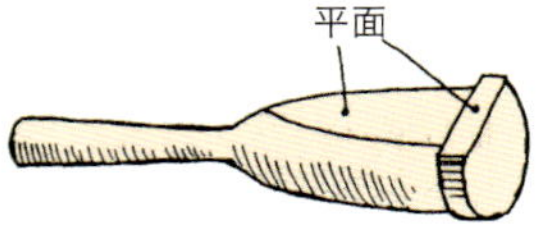

槌の側面の一方を平に削り、この面がしっかりと弦に引っかかるように工夫したもの

■唐弓の準備

弦を弓に張る

唐弓は、弦を強く張ることができるため、強力な弾力性の力で、ワタの繊維のかたまりを弾き飛ばすことができます。強く弦を張ることが、唐弓を使うときの重要なポイントです。

❶ 胴に、弦をしっかりと巻き付ける。

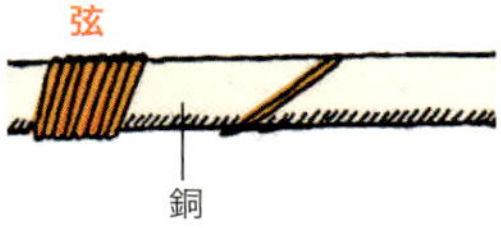

❷ 鼻の上部にある竹タボ（竹釘）に、弦を引っ掛けてから、鼻皮の中央に弦を沿わせ、駒のところまでもっていく。

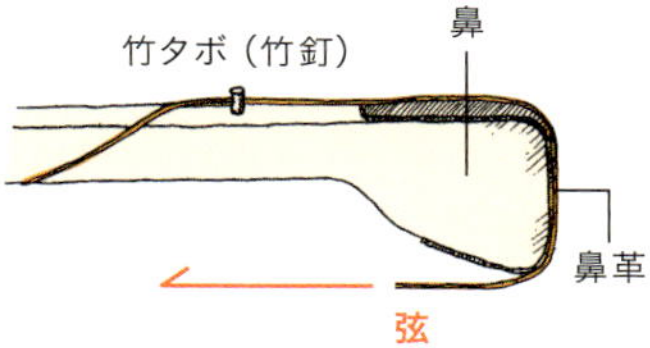

❸ 弦の先端にある竹ヒゴをシリ縄の輪の中に引っ掛ける。

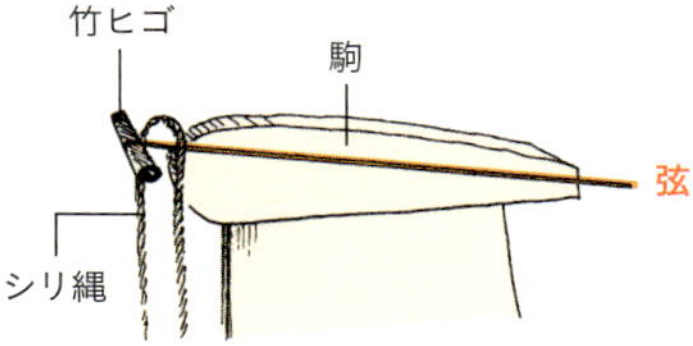

❹ ❸の状態の弦を駒に掛ける。できるだけ強く弦を張るため、手ぬぐい（日本手ぬぐい）を掛け、強くひっぱりながら弦を駒の上にのせる。この時、弦をつまんで放し、弦の音を確かめる。あまりに低音の場合は、もう一度より強く弦を張り直す。

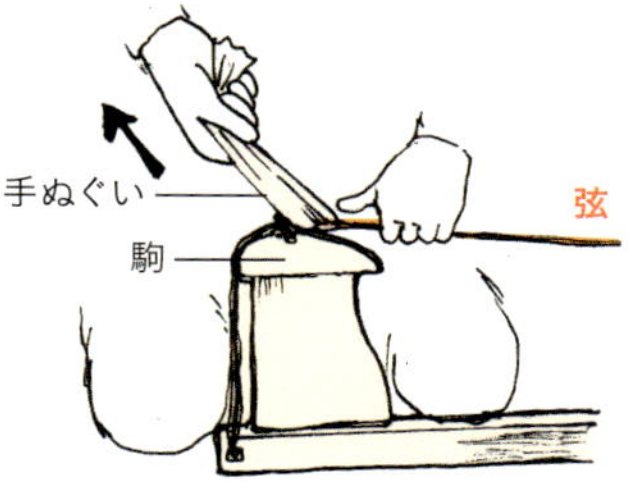

❺ 弦の張りが弱い時は、一度駒に掛けた弦をはずして、胴に巻いてある弦を手で駒側に全体的にずらす。弦の張り出し長さを縮めたあと、再度❹の手順で、弦を駒にかけてみる。反対に、弦が強すぎて駒にかけられない時は、弦をずらし、弦の張り出し長さを伸ばして、再度❹の手順で弦に駒をかけてみる。この調整を何度も行い、できるだけ強く張るようにする。

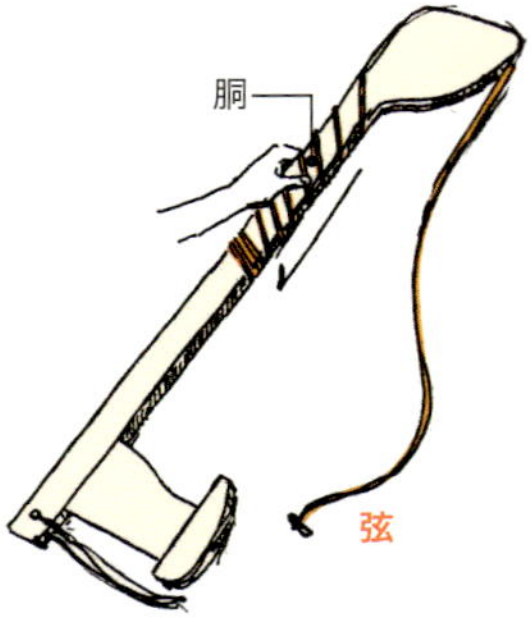

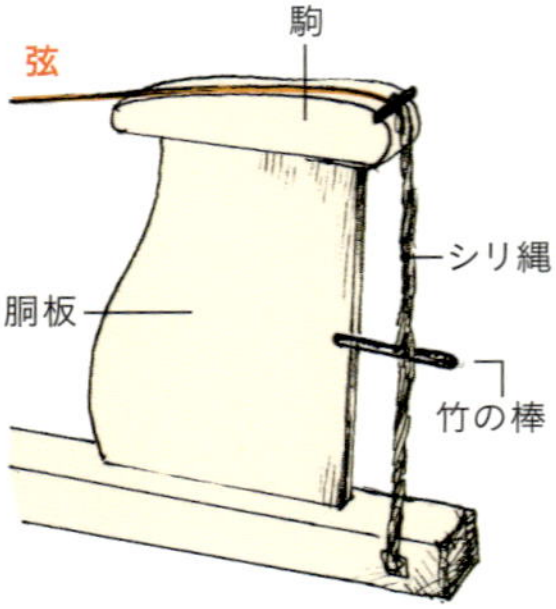

❻ 駒にのせた弦を更に強く張っていく。まず、シリ縄の中央に竹の棒を差し込み、シリ縄をねじれるだけねじり、最後に竹の棒を胴板側に押し込み固定する。弦が強すぎて駒にかけられない時は、弦をずらし、弦の張り出し長さを伸ばす。再度❹の手順で弦に駒をかける。この調整を何度も行い、できるだけ強く張るようにする。この時の弦の音は高音となっていなければ、ワタをよく打つことができない。

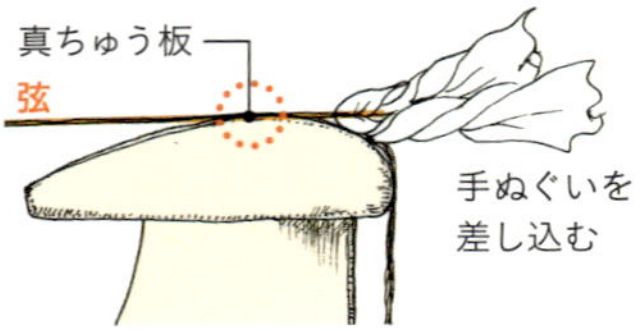

❼ 駒と弦の間に強くねじった手ぬぐいを差し込み、弦と駒に張った真ちゅう板とが一点で接するように調節する。手ぬぐいはシリ縄に結んでおく。弦が真ちゅう板と共鳴した音になることでワタを弾く力が増す。

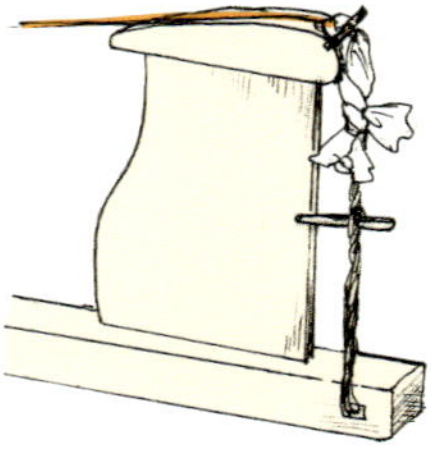
手ぬぐいはシリ縄に結んでおく

■弓を吊る

長い時間ワタ打ちをする場合、唐弓を手で持って作業すると重たいので（唐弓は重さが2kg以上あります）、弓を吊った状態でワタを打ちます。

手順

長さ2.5m位の竹の先を少し曲げ、柱などにこの竹をしっかりと固定します。竹の先端に麻ひもを結び、唐弓のツルタボに引っ掛けます。床と水平にした状態で、弓の位置が床上より20～30cmにくるように麻ひもの長さを調整します。（麻ひもの長さは、弓を打ちながら、作業しやすいように随時、微調整してください。）

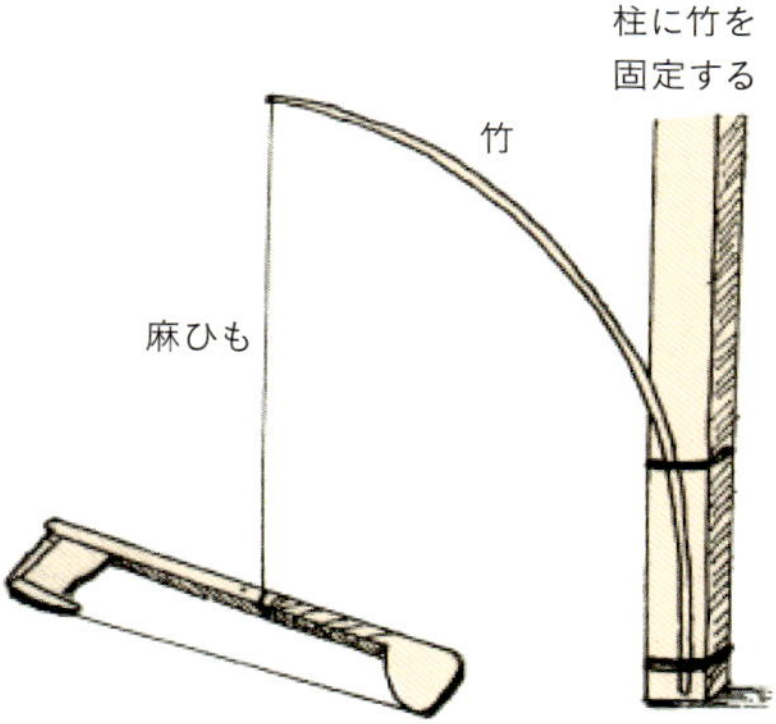

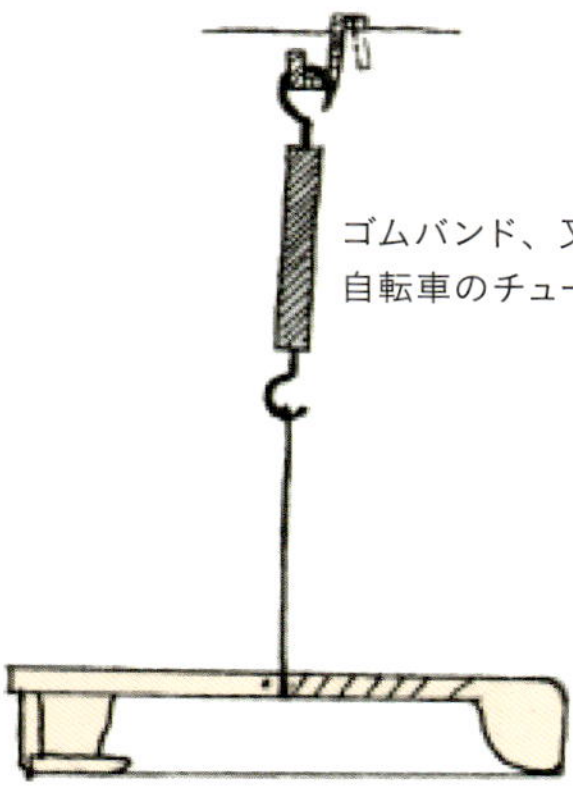

室内に長い竹を固定するのが難しい場合、竹の代わりにゴムバンドや自転車チューブなどを、弓打ち作業する場所の上部から垂れ下げて、その先にヒモをつなぎ、ツルタボに引っかけるという方法もあります。

■弓を打つ

❶ ひざを曲げ、股を広げてしゃがむ。弓は体の左側に横向き（弦をやや下に向ける）に、左手は人差し指と中指の間にツルタボをはさむようにして、しっかりと持つ。

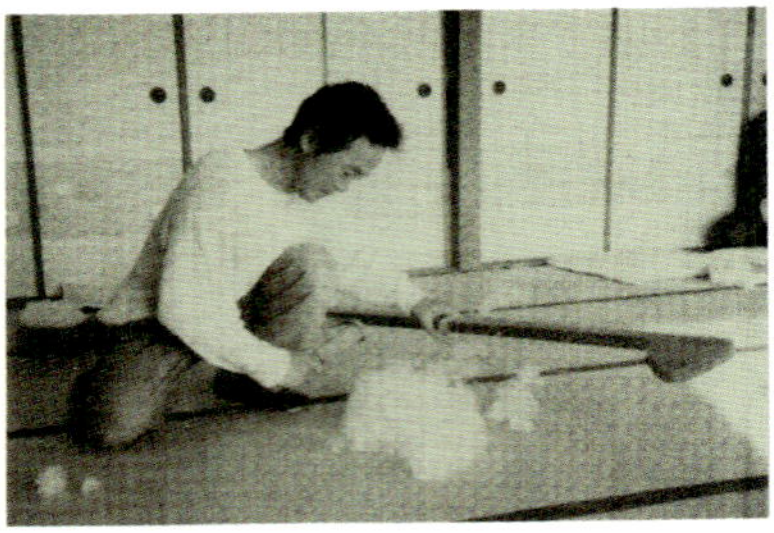

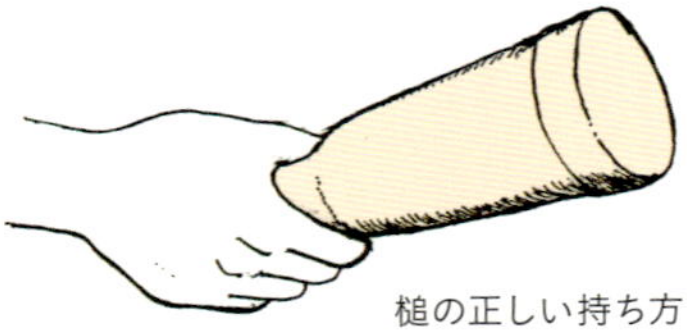

槌の正しい持ち方

❷ 槌を右図のようにしっかり持ち、ワタの手前から奥へ、ワタの中をくぐるように移動しながら、強く弦3〜4回打って、ワタを弾き飛ばす。

槌の正しい使い方

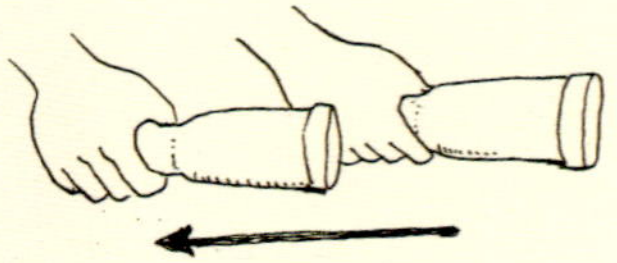

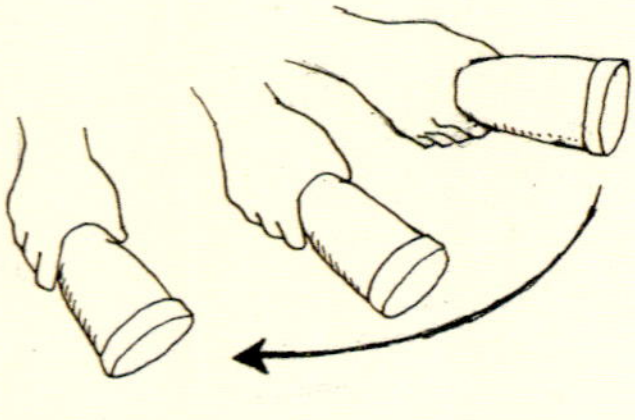

○ 真横に移動させ、弦をひっぱって弾くように使う。

× 槌を振り下ろすようにして弦を弾くとワタを弾く力が弱くなり、ワタが弦に絡んでしまう

❸ 弓を持ち上げ、弦をワタから離してから、弦を強く3〜4回空打ちする。こうして、弦に絡んだワタをきれいに弾き飛ばす。

❹ 再び弦をワタの中へくぐらすように移動しながら3〜4回打つ。この時、ワタのほぐれていないところに弦の先を当てて、徐々に固まりをほぐしていく。

❺ ワタの中をくぐらせながら打つ動作と、ワタから弓を離し、絡んだワタを空打ちして弾き飛ばす動作を何度も繰り返してワタをほぐしていく。弦を打つ動作はリズミカルに。

❻ 時々、ワタが飛ばされて散るので、槌の先や手で弦の下に集める。ワタのかたまりの上下をひっくり返し、固まったワタに弦が当たりやすいようにする。

❼ 糸紡ぎに使うワタは、丁寧にできるだけ固まりのなくなるまで何度もワタ打ちする。

3 篠《しの》づくり

打ったワタを糸に紡ぎやすい形にまとめます。

✳はじめに

打ったままのワタでは、糸にするとき切れやすいため、ワタを丸めて固めます。これを「しの」、「じんぎ」、「よりこ」などと呼びます。糸がつながって出てくるので切れづらく紡ぎやすくなります。

✳篠の作り方

❶ 一升マスを裏にして、打ったワタを広げる。マスからはみ出したワタは手でちぎり、形を四角く整える。のせたワタはできるだけ均一の厚さになるように、厚いところは取り除き、薄いところはワタを足す。篠の巻き終わりに段ができないようにするため、巻き終わりの方はワタを薄くのせる。

❷ 一升マスを裏にして、打ったワタを広げる。マスからはみ出したワタは手でちぎり、形を四角く整える。のせたワタはできるだけ均一の厚さになるように、厚いところは取り除き、薄いところはワタを足す。篠の巻き終わりに段ができないようにするため、巻き終わりの方はワタを薄くのせる。

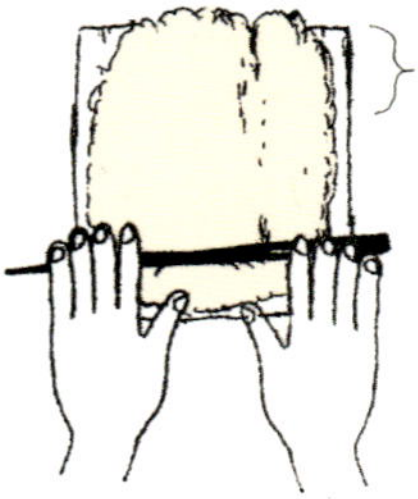

※ワタの量や、ワタを強く巻くか柔らかく巻くかは各地方各人の好みによりいろいろのようです。
※箸を抜く時にワタにひっかからないように、塗り箸が必要です。
※鴨川和棉農園の販売用の篠は1本6gで、強めに巻いています。

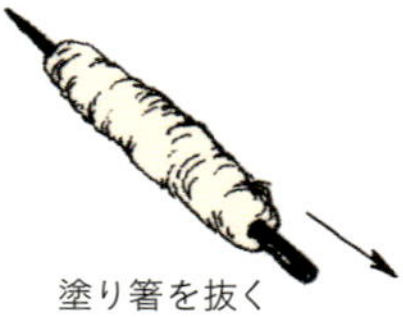

塗り箸を抜く

■機械打ちしたワタの場合

弓で打ったワタは、繊維の方向がランダムで、整っていないため、どの方向から巻いても良いですが、機械で打ったワタには繊維の方向があります（ワタをちぎってみると、タテ・ヨコで切れやすい方向があります）。一般的には、ワタの繊維の流れに対して平行ではなく垂直に巻いていく方が素直に糸が出てきますが、欲しい糸の種類、ワタの繊維の状態によって上記と反対にして篠を作り、どちらが紡ぎやすいかを試してみるのも良いと思います。

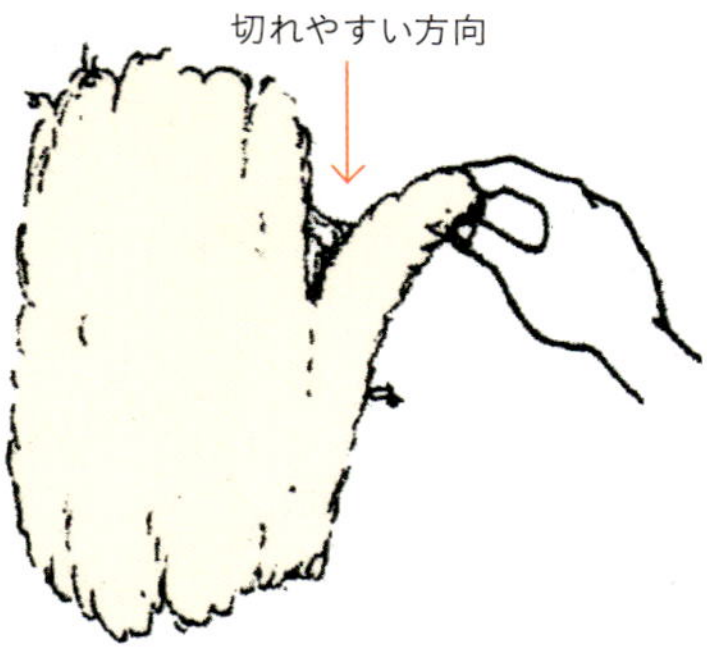

4　糸つむぎ

篠からワタを引きだし、そのワタに撚りをかけて糸を紡いでいきます。

✳はじめに

打ったままのワタでは、糸にするとき切れやすいため、ワタを丸めて固めます。これを「しの」、「じんぎ」、「よりこ」などと呼びます。糸がつながって出てくるので切れづらく紡ぎやすくなります。

✳手で紡ぐ

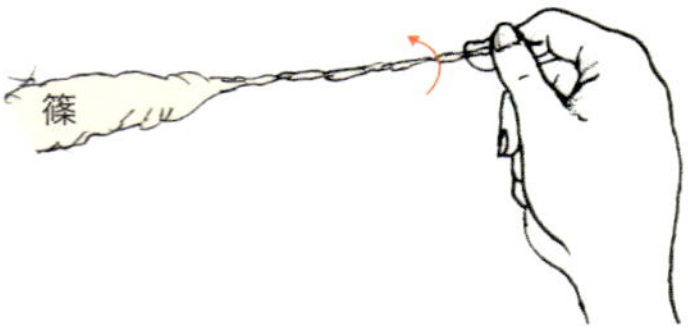

❶ 左手に篠を軽く持ち、右手の人差し指と親指で、篠の先からほんの少しだけワタの繊維をつまみ出し、この2本の指で撚りをかけながら、ワタの繊維をひっぱりだす。撚りの方向は、紡ぐ人から見て外側方向に。撚りをかける場所は常に引き出した糸の先端で行う。親指と人差し指は一回ひねり終えるごとに、ひねり始めの状態に戻し、また次のひねる動作をする。

POINT

ひねり始めの状態に戻す時、糸の先端を右手の中指と薬指ではさんで持っておくか、篠を持っている左手の親指と人差し指で押さえるか、どちらかやりやすい方法で先端をしっかり持っておかないと、撚りが戻ってしまうので注意します。

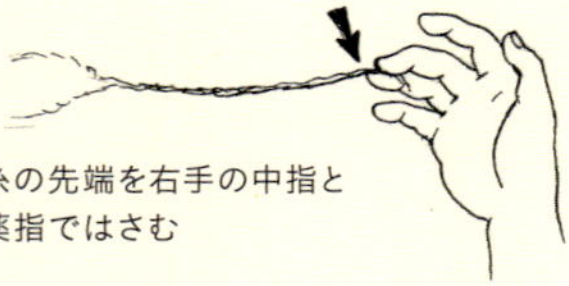

糸の先端を右手の中指と薬指ではさむ

左手の親指と人差し指で押さえる

❷ 篠の先から出たワタを、左手の親指と人差し指でしっかりとつまみ、右手で撚りをしっかりとかける。この時、初めて糸になる。慣れない人の糸は撚りが甘く、少しひっぱると切れてしまうので、糸にしっかり撚りがかかっているかどうか、両手で少しひっぱってみて、常に糸の強度を確認する。

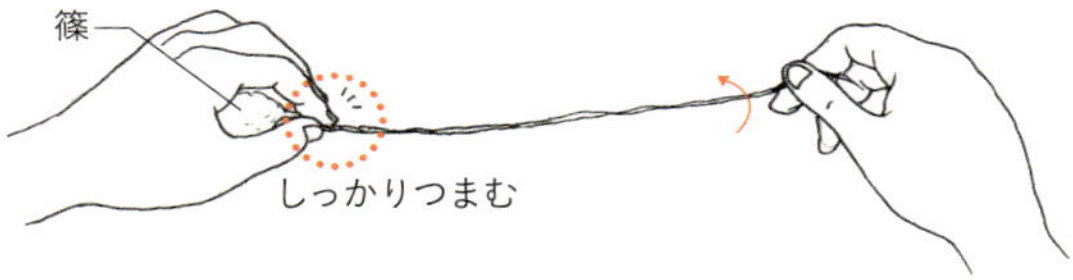

POINT

篠から引き出すワタが太い場合は、撚りのかけすぎか、繊維を引きだす速度が遅い、また、ワタが細すぎる場合は、撚りが足りないか、繊維の引きだしが速すぎると考えられます。この撚りと引きだしの速度をバランスよく行うことが大事です。

※手で紡ぐと糸を巻き取ることができないので、その後は糸紡ぎコマ（紡錘車）や糸車で糸を紡ぐようにしましょう。

✳コマで紡ぐ

コマ（紡錘車）を使って糸を紡ぐことは、古代から行われてきた一番単純で基本的な方法です。コマの回転する力でワタの繊維に撚りをかけながら、篠から糸を引きだします。一定の長さになった糸はコマの軸に巻き取ります。ワタの繊維を引き出す方法は、コマを持った手を横に引きだすか、下に引きだすかのどちらかで行います。

※もともとコマは、下に垂らして回転力を与え、コマが自転する力で撚りをかけるためのもので、コマを下に吊り下げて回転させる時にうまくまわるように、つばの形・重さと軸のバランスを考えて作られています。

■コマを横に持って糸を紡ぐ

ワタの糸紡ぎが初めての人は、コマを下に垂らして糸を紡ぐより、コマを横にして紡いだほうが紡ぎやすいでしょう。

① はじめに、糸口になる糸をコマの軸に巻き付ける。手で紡いだ糸の先を軸の上にのせ、巻き付ける糸を左手でしっかり押さえながら、右手で外側に向かって5〜6回、回転させる。この時はじめに置いた糸の上に重ねて次の糸を乗せ巻き付けていくと、糸は軸にしっかりと巻き付けられる。

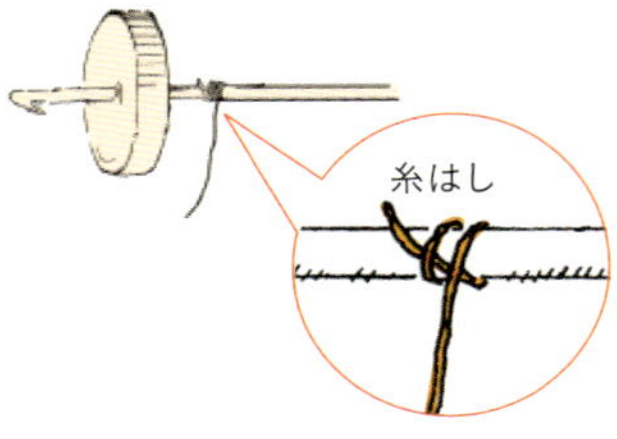

糸はし

糸の巻き付けかた

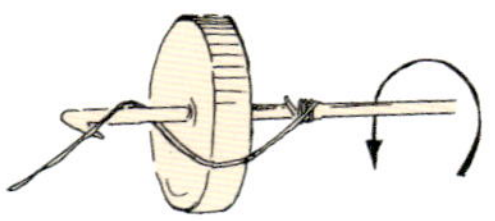

③ 右手でコマを外側にまわしながら、糸をつばの上を渡し、紡ぎ口の軸に2〜3回巻き付けて先のかぎ部に引っ掛ける。

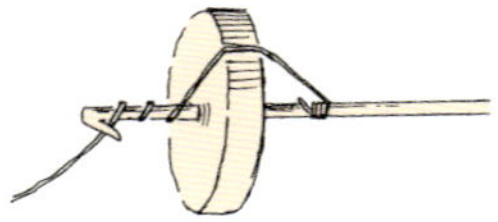

④ 左手に持った篠の上に、コマからの糸口の先端をのせ、のせた部分を左手の親指で軽く押さえる。

⑤ 右手でコマを回転させ、篠の繊維が糸口に絡み始めたらコマを外側に引き、ワタの繊維を引きだしていく。

篠を親指で軽く押さえる
右手でコマをまわし
外側に引きながら
撚りをかける

❺ ❹で引きだしたワタの繊維に、更に撚りを加えて糸にする。まず、篠を持った左手の親指と人差し指で、篠から出た糸の端をしっかりとつまみ、引きだした糸に張りを持たせながらコマを右手で回転させて撚りをかける。

篠
右手でコマを外側にまわし
撚りをかける
しっかりつまむ

POINT

撚りのかけ具合は好みにもよりますが、糸の張りを緩めた時、少しくるくるとカールする位が良くちょっと引っ張って切れるようでは撚りが甘いです。慣れない時は、糸を少し引っぱってみて、すぐに切れてしまわないか確認しながら進めてください。

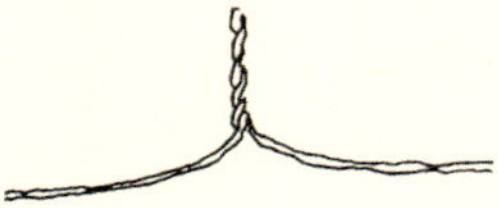

❻ 糸ができたら、コマの軸に巻き取る。まず、コマをかぎ部を上にして縦に持ち、コマの紡ぎ口にかかっている糸をはずす。紡ぐ時と逆回転（内側）にコマをゆっくり回す。

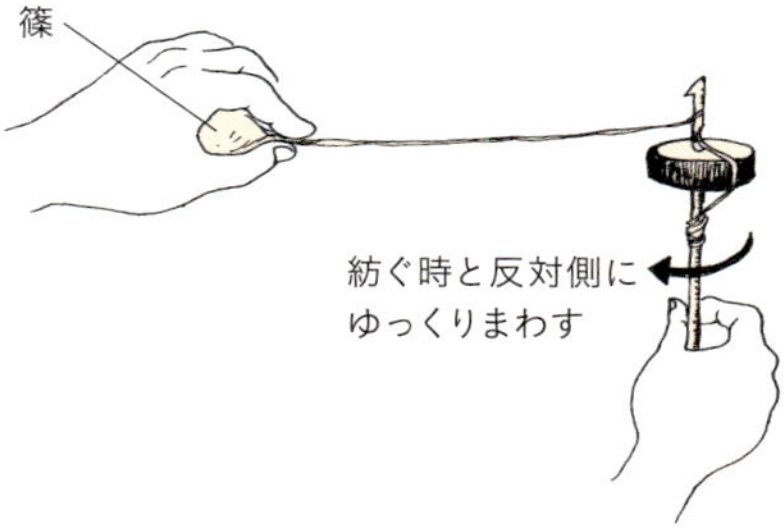
篠
紡ぐ時と反対側に
ゆっくりまわす

❼ 糸がコマのつばからはずれたら、紡ぐ方向と同じ外側方向にコマを再び回し、紡いだ糸を軸に巻き取る。巻き取っている最中は、篠を持った左手の親指と人差し指で、篠から出た糸の端をしっかり押さえておく。巻き取り終わったら再び糸を紡ぎ始めるため、左図のようにコマを外側に回しながら糸をコマの紡ぎ口まで戻していく。

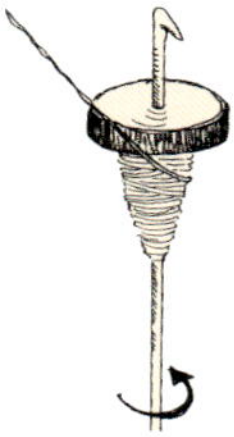

紡いでいる糸が途中で切れてしまったときは

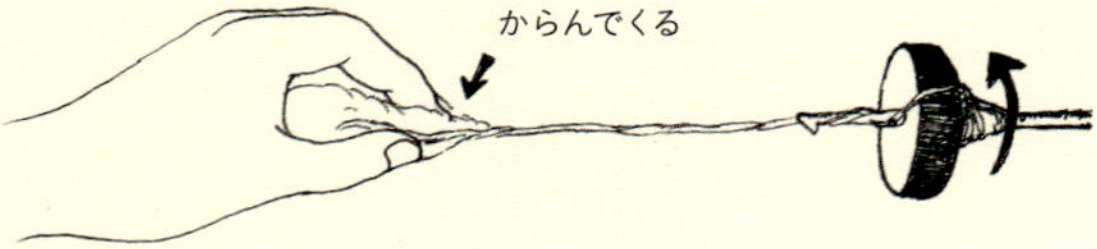

篠の上にコマからの糸を軽くのせ、コマをまわしていく。何回かまわしていると、篠の繊維が糸に絡んでくるので、コマを引っ張りながらまわして、再び糸を紡いでいく。

■コマを下げて糸を紡ぐ

コマを吊り下げて糸を紡ぐ場合、紡いだ糸がコマの重さに耐えられる一定以上の太さになるようにしてください。その他、基本的な考え方はコマを横にして紡ぐ場合と同様です。

❶ 篠を真上にして、左手の人差し指と親指でしっかり篠の先の繊維をつまんで、コマを吊り下げる。右手の親指と人差し指でコマの軸の下の方を軽くひねってコマを回転させる。

コマを回す

❷ コマの回転が止まってしまう前に、右手で軸の下の方をつまんで下に引っ張り、篠から糸を引きだす。この時、コマの重さに充分耐えられる糸の太さを維持するように、あまり引きすぎて糸が細くなりすぎないように注意する。1回まわすごとに糸を引き出す。❶〜❷を繰り返し、糸を20〜30cm引き出す。

ワタを引きだす

❸ 篠の先の糸を、篠を持った親指と人差し指でしっかりとつまみ、右手でコマの軸の下の方をひねって糸に撚りをかける。引っ張ってみて切れないことを確認し、コマのつばの下に、糸を巻き取る。巻き取ったら、❶〜❸の動作を繰り返して、糸を紡いでいく。

撚りをかける

■コマを横に持って糸を紡ぐ

ワタの糸紡ぎが初めての人は、コマを下に垂らして糸を紡ぐより、コマを横にして紡いだほうが紡ぎやすいでしょう。

✳チャルカ（ポータブルチャルカ）で紡ぐ

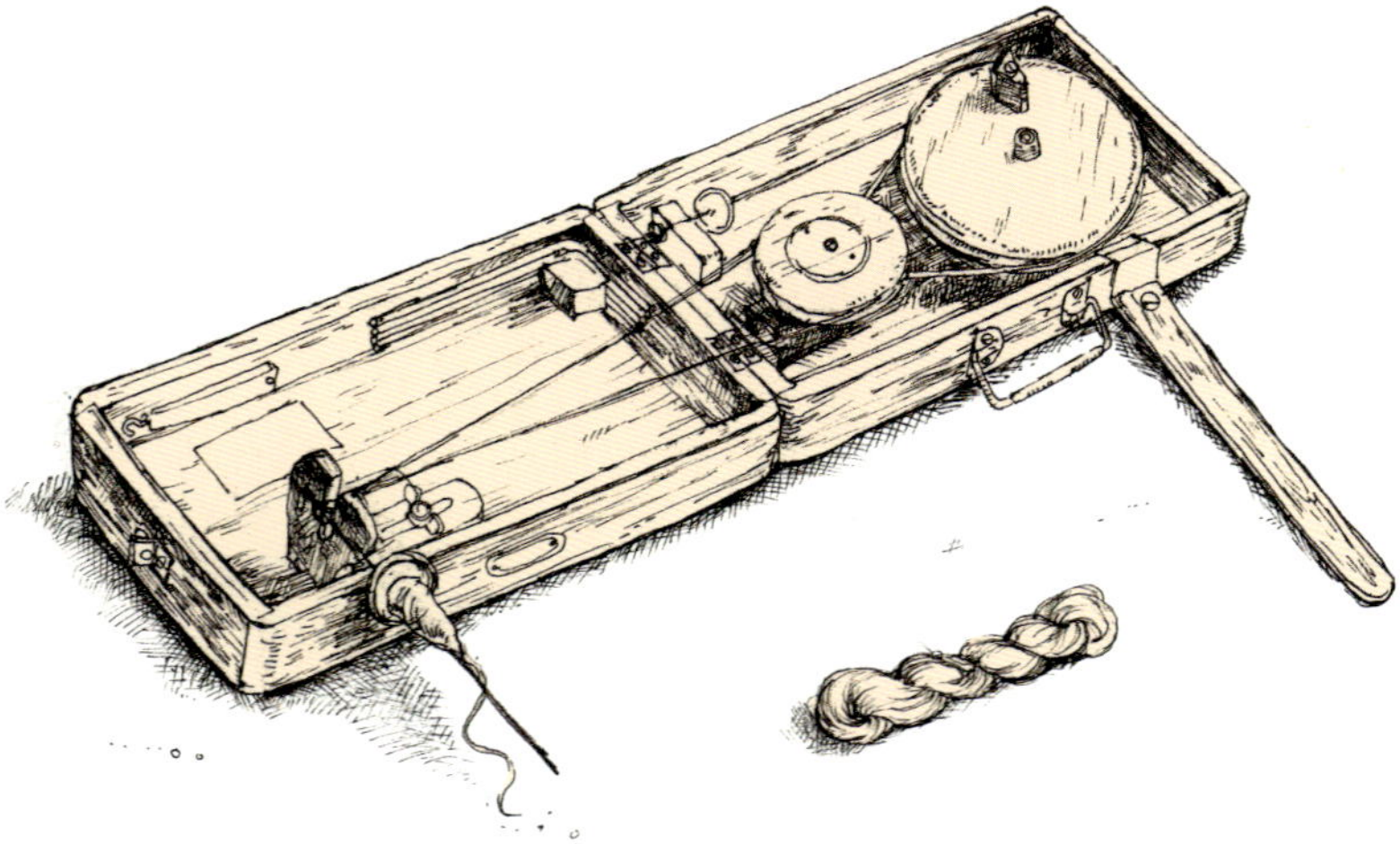

■ポータブルチャルカの仕組み

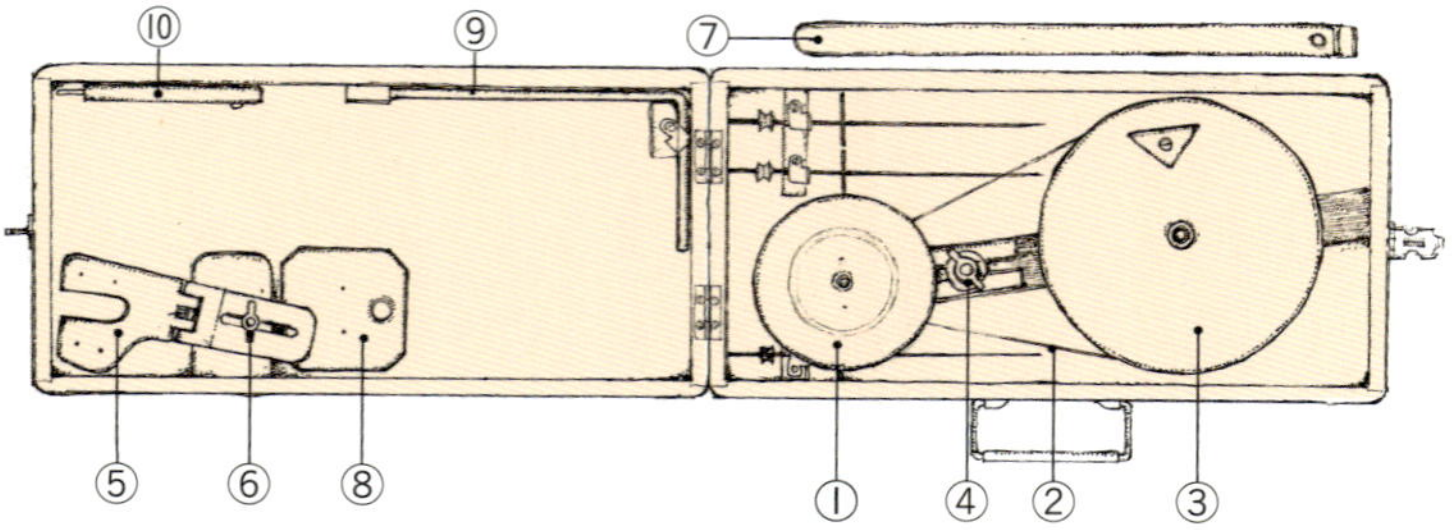

① 小ホイール
② ベルト
③ 大ホイール
④ 調整ナット
⑤ スピンドル支え
⑥ スピンドル支え下部ナット
⑦ チャルカ押さえ棒
⑧ かせ車用四角板
⑨ かせ車用L 型金具
⑩ かせ糸ガイド

■組み立てかた

❶ ポータブルチャルカを開ける

持ち手のある側を下にして、フタを開ける。

❷ 大小ホイール間のベルトを張る

小ホイールの円盤下部の鉄製円盤の溝にベルトをかける（右図）。反対側のベルトを大ホイールの円盤側面の溝に引っかけ大ホイールを回しながらベルトを完全にかける。

円盤の溝にベルトをかける

❸ 大小ホイール間のベルトの張りの調整

手でベルトを触ってみて、張り具合を確かめる。張りが緩いと大ホイールの回転が小ホイールに充分伝わらないので、小ホイール付け根の調整ナットを緩め、ベルトに張りを持たせるように移動させて固定する。大小ホイールの回転軸金具部には、油（グリス）を差しておく。

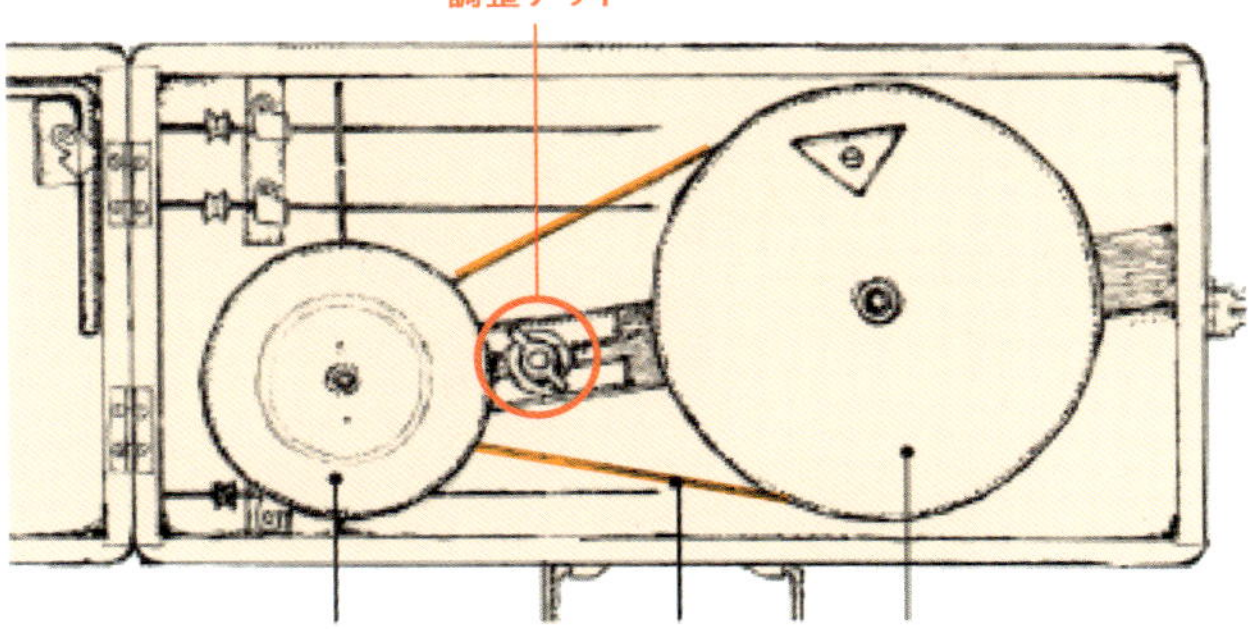

④ スピンドルをセットする

スピンドルをスピンドル支えの裏側にある、二股部の溝にセットする。スピンドルのコマ部は二股部の間に入れ、この溝部には油(グリス)を差しておく。

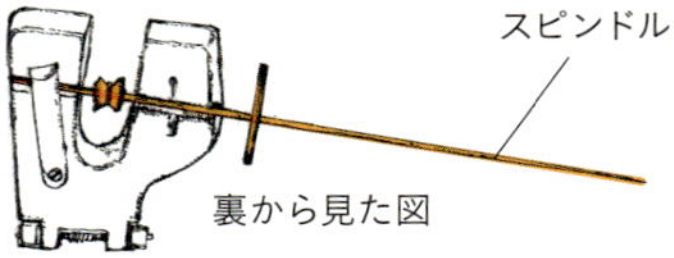

⑤ スピンドルのベルトひものセット

小ホイール側面の上部溝とスピンドルコマ部にひもを掛ける。コマに掛けた時、ひもの手前が紡ぎ手の位置から見て上になるようにセットする。スピンドル支えが80°くらいの角度になるように、支え下部のナットで調整する。

※スピンドルベルトひもは、長期間使用すると切れることもある。このひもはレース糸などのような細くて強度のある糸を使用する。糸が細ければ、結び目もさほど　問題にならない。

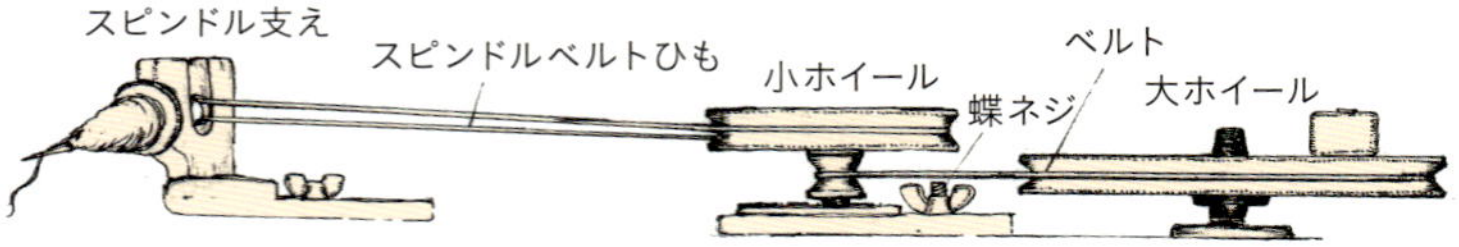

⑥ チャルカ押さえ棒のセット

大ホイールの横のチャルカの木の枠に、チャルカ押さえ棒の金具を差し込む。

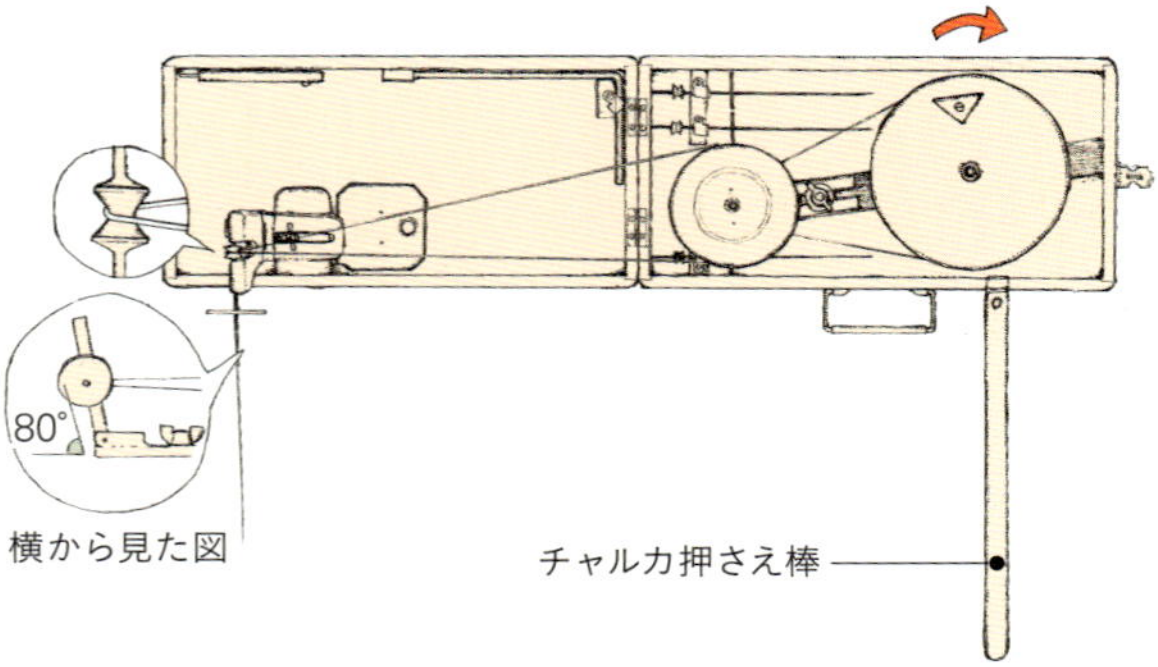

■糸の紡ぎかた

❶ チャルカを広げる。押さえ棒の上に座布団などを敷き、チャルカと平行に座る。（おしりの位置が、大ホイールのあたりにくるように。）

❷ 紡ぎ始めは、30cm程の糸を、スピンドルの同じところに重なるように何回もしっかり巻き付けていく。手で糸口となる糸を引っ張ってもゆるんでこないようであれば、右手でゆっくり大ホイールを右回転し、糸がスピンドルの先端にくるまで導き巻き付けていく。ここからが紡ぎ始めである。

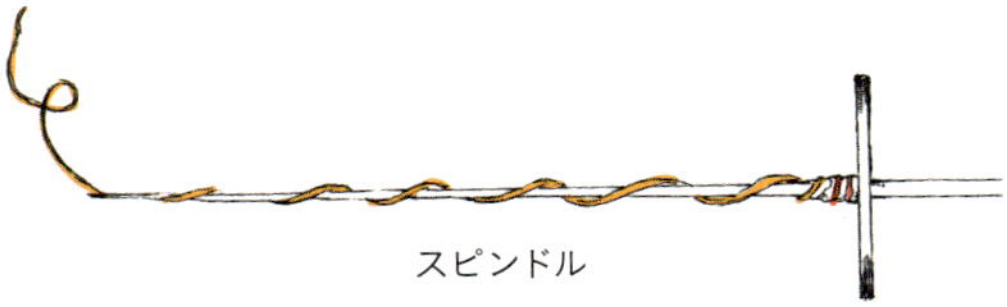

❸ 左手は、篠を軽く持ち、スピンドルに巻き付けた糸の先端を篠の上に軽くのせる。右手で大ホイールのハンドルを時計回りにまわし、篠に糸を絡ませながら左手の篠を引いていく。右手のハンドルは、初め慣れない時はできるだけゆっくり回す。篠から出る糸が太いようなら、右手の回転をよりゆっくりとして、左手の引き具合を早くする。篠から出る糸が細すぎるようなら、大ホイールの回転を早めにして、左手の引き具合をより遅くする。篠を持った左手から糸を引き出す角度は、スピンドルに対し40度〜50度位で、まず40〜50cmの糸を引き出す。

❹ ハンドルを左回転させ、スピンドルの先端の糸をほどき、次に正回転して、糸を下図のような形になるように巻き取っていく。この時スピンドルの先端から1.5cm位までは糸を巻き取らないでおく。ある程度の量を巻き取るとスピンドルが重くなるので、からのスピンドルと交換する。

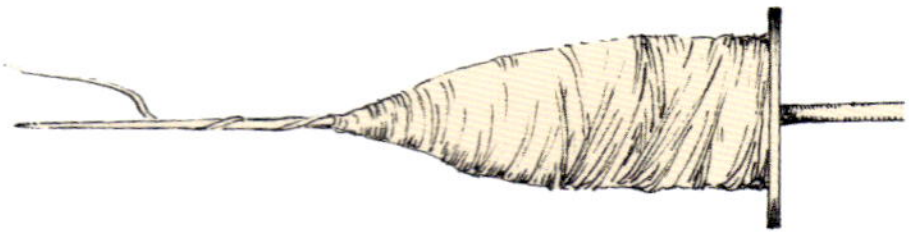

❺ 巻き取った後、ゆっくり正回転して糸をスピンドルの先端まで送り出し、再び紡ぎ出す。まず、左手で篠から糸を引き出してから、大ホイールを回転させる。

上手に紡ぐコツ

糸が上手に紡げないのは、右手のホイールを回す速度と、篠を持った左手を引くタイミングが合っていないからです。

●糸が太い場合➡ホイールの回転を遅くし、篠の引きを早くします。

●糸が細い場合➡ホイールの回転を早くし、篠の引きを遅くします。

チャルカはスピンドルの回転がとても早いので、慣れないうちはとにかくゆっくりと大ホイールをまわしましょう。

糸を紡ぎ出している時は、必ず篠の先から出る糸の太さに注意し、それに応じて前記の操作が素早くできるように練習しましょう。

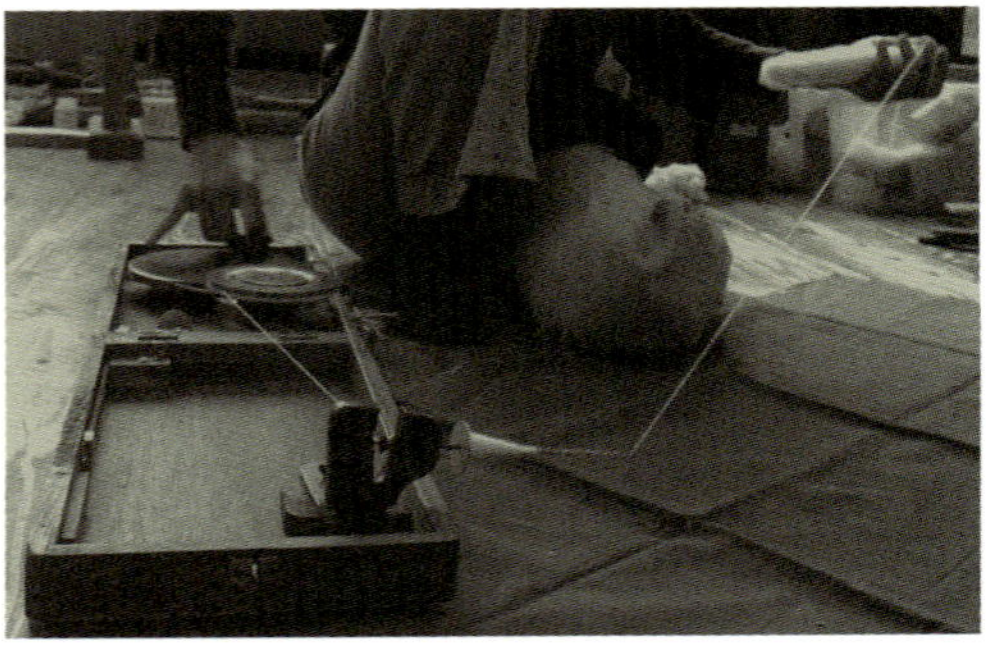

✳日本の糸車（竹車）で紡ぐ

糸車には、糸紡ぎ用のものと、ハタ織りで使用する大管・小管に糸を巻き付けるためのものと二通りあります。大管・小管巻き用のものは、つむ（スピンドル部）が丈夫で先端があまり尖っていないので、糸紡ぎには適しません。

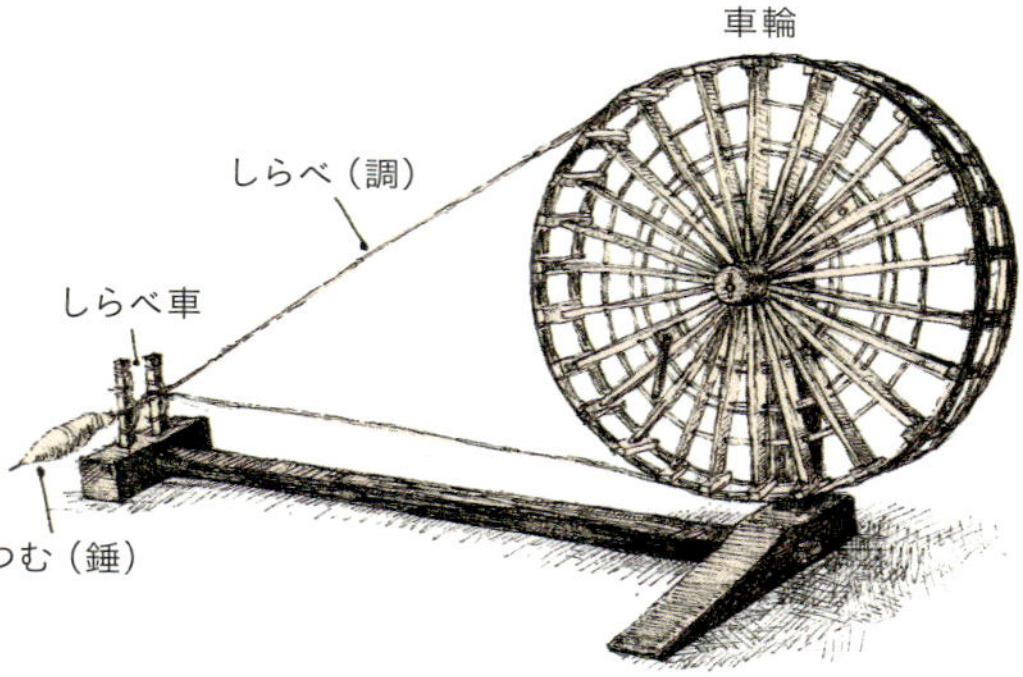

■糸車の仕組み

車輪部

糸車の車輪部は色々な形がありますが、素材は竹が多く使われています。竹は丈夫で軽いので、手でまわす車輪の材料としては最も適しています。一般に糸車は竹車とも呼ばれています。

つむ（錘）

つむは、先の尖ったまっすぐなものを使います。先が尖っていないとつむの回転が糸によく伝わらず、撚りがうまくかかりません。少しでも曲がっていると、つむが回転したとき先端がブレてしまいます。つむには調車（しらべぐるま）がついていて、車輪の回転を伝える調（しらべ）の力を受け回転し、つむをまわしています。つむは竹の皮を撚ったもの2本をさらに撚り合わせたものの間に通して支えます。この時つむの角度は水平ではなく、先端がやや下になるようにセットします。

※つむを支えるのに他の素材も色々試してみましたが、すべりがよく丈夫なのは、やはり竹の皮です。

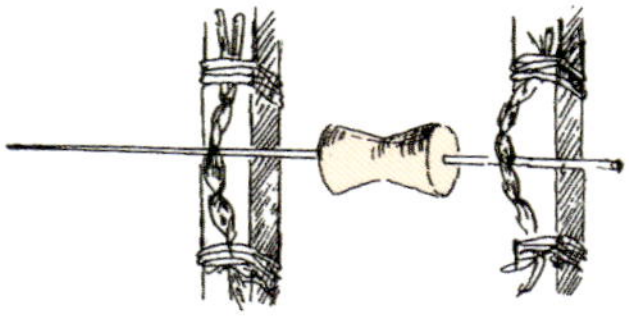

しらべ（調）

しらべは、6号位の太さのたこ糸で作ります。まず、車輪の輪から、つむまで一周して糸を張り、その長さの2倍より30〜40cm長く切ります。次に、これを半分に折って、この両端をだんご結びにして結びコブを作ります。この結び目のあるほうを手元に持ち、折り返したほうの輪は自分の足の親指や、テーブルの足に引っかけたりしてしっかりと固定します。両手の手のひらを使って、自分から右撚りにこのたこ糸を撚っていきます。撚りをかければかける程短くなっていくので、ある程度撚ったら、結びコブに反対側の輪を、下図のように掛けてしっかりと引っ張ると、この結びコブに掛かって輪ができます。この輪を車輪とつむにかけて張り具合をみます。この時、調はつむの手前で1回ひねってかけます。張りが強すぎる場合は、この調の撚りを戻し、弱い場合はさらに撚って張りを強くします。

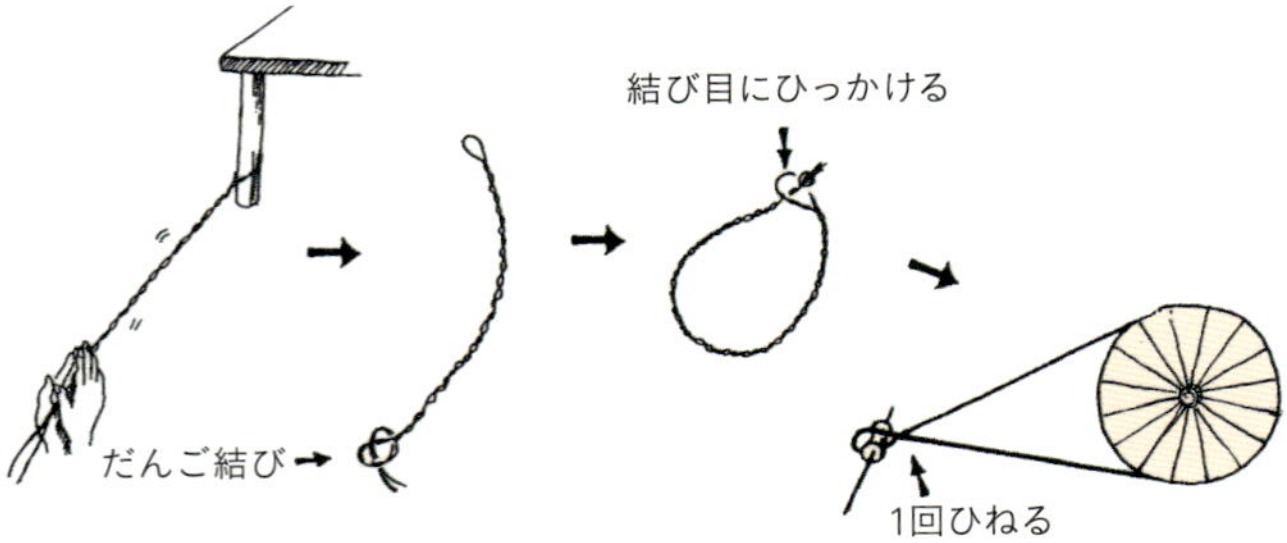

■糸の紡ぎかた

❶ 糸車の車輪の下部には、糸車がふらつかない為の木製の固定台座がある。これが紡ぎ手側まで延びている糸車なら、この上に座布団などを敷いて、糸車が自分のやや右側になるように座る。固定台座が付いていない場合、糸車が動かない様に重石などを乗せて、糸車を固定する。

❷ 紡ぎ始めは、30cm程の糸を、つむの同じところに重なるように何回もしっかり巻き付けていく。手で糸口となる糸を引っ張っても緩んでこないようであれば、右手でゆっくり車輪を右にまわし、糸がつむの先にくるまで導き巻き付けていく。ここからが紡ぎ始めである。

❸ 左手に、篠を軽く持ち、つむに巻き付けた糸の先を篠の上に軽くのせる。右手で車輪を時計回りにまわし、篠に糸を絡ませながら左手の篠を引いていく。糸車を使い慣れない時は、車輪をできるだけゆっくりと回す。篠から出る糸が太いようなら、車輪の回転をゆっくりにして、糸の引きを早くする。篠から出る糸が細すぎるようなら、車輪の回転を早めにして、糸の引きを遅くする。篠を持った左手から、糸をつむに対し40度〜50度位の角度で、まず40〜50cmの糸を引き出す。

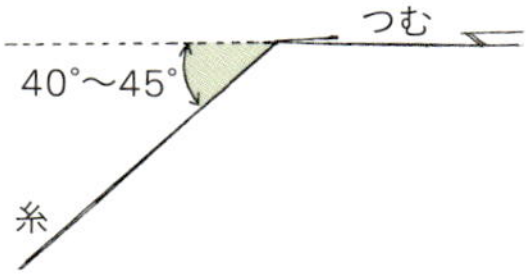

❹ 篠から引き出された糸がつむの先より40〜50cmになったら、篠から出された糸端を左手親指と人差し指でしっかりとつまみ、右手で車輪を2〜3回まわし、撚りをかける。撚り具合は、糸を緩めてみると軽くカールする程度。糸を引っ張ってみて、しっかりと糸になっているのを確認する。使用目的に応じ、撚り加減を調節する。

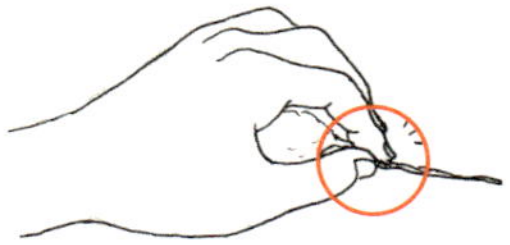
篠から出た糸端をしっかりとつまむ

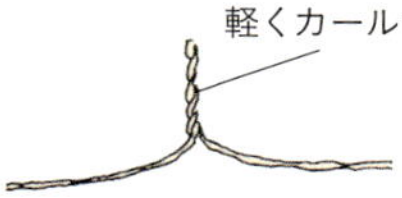

糸を緩めてみて撚り具合を確かめる

❺ 車輪を逆回転し、つむの先の糸をほどき、次に正回転して糸をつむに巻き取っていく。この時つむの先端から1.5cm位までの所は糸を巻き取らないようにする。

上手に紡ぐコツ

糸が上手に紡げないのは、右手の車輪を回す速度と、篠を持った左手を引くタイミングが合っていないからです。

●**糸が太い場合➡** 車輪の回転を遅くし、篠の引きを早くします。

●**糸が細い場合➡** 車輪の回転を早くし、篠の引きを遅くします。

糸車はつむの回転がとても早いので、慣れないうちはとにかくゆっくりと車輪をまわしましょう。

糸を紡ぎ出している時は、必ず篠の先から出る糸の太さに注意し、それに応じて前記の操作が素早くできるように練習しましょう。

◆江戸時代の農家で男が糸を紡いでいる図「綿圃要務」より

男の姿勢に注意して見てみましょう。どちらかというと、あぐらをかいた正面に糸車の車輪があります。このぐらいの姿勢が疲れずに糸を紡ぐことができます。

✳かせを作る

紡いだ糸は、かせにして保存します。ハタ織りをする前の精練（※P42参照）や染色の際も、まずはかせを作ります。かせをきちんと作っていないと、後でかせをほどく時に絡まって糸がきれいに出てこなかったり、最悪の場合、糸が使えなくなることもあるので気をつけましょう。

■チャルカを使ってかせを作る

ここではポータブルチャルカを使った、かせの作り方を説明します。日本のかせ車などを使ったかせ作りでも基本的には同じ要領です。

❶ 大ホイール側面の溝にかかっているベルトの片側を持ち上げながら大ホイールをまわしベルトをはずす。

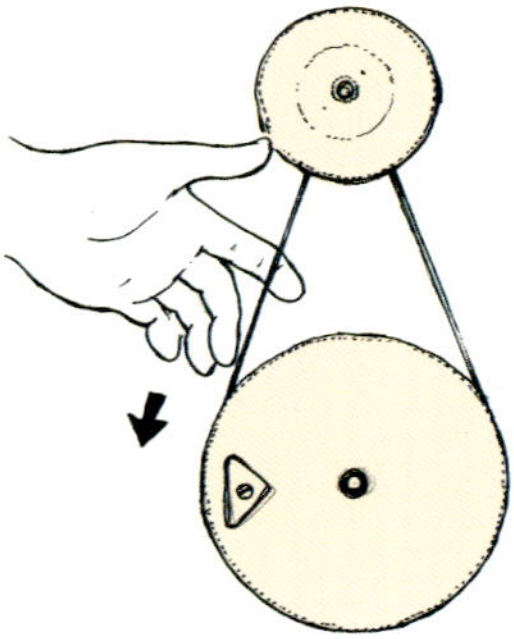

❷ かせ車用四角板の四隅にある穴に、かせ用L型金具のL字の長い方の先（二股になっている）を差し込み、L型金具を図のように立てる。差し込む時、きつい様ならマイナスドライバー等で先端の開きをやや広げる。

※L型金具の先端二股部は、穴の中にある金具にはめ込まれ、左右にL型金具が倒れないようにするため。

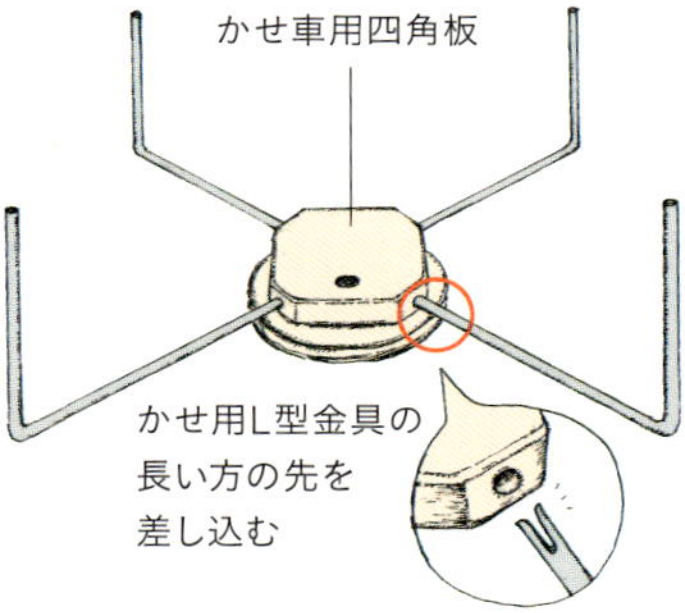

差し込みがきつい時は
先端の開きを少し広げると良い

❸ かせ車用四角板の裏側にある2本の差し込み用金具を、小ホイール上部にある2カ所の差し込み穴にしっかりと差し込む。

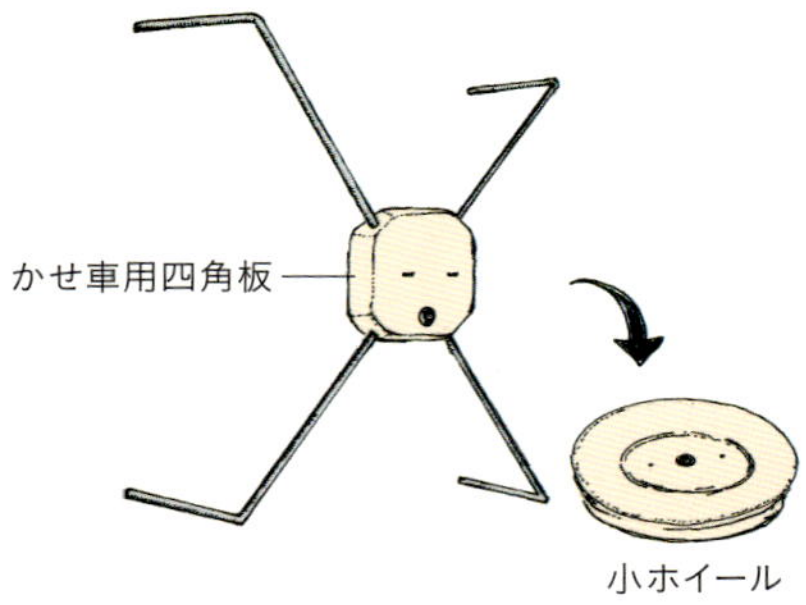

❹ スピンドルに巻き取った糸をかせ車のL型金具の1つに結びつけ、スピンドルからの糸をかせ糸ガイド上部の金具に通す。

❺ かせ車への巻き取りは、4本のL型金具の1本に指を掛け、時計回りにかせ車をまわしながら糸を巻き取る。かせ車ガイドは、初めは低い位置にし、次第に立たせて高い位置にする。

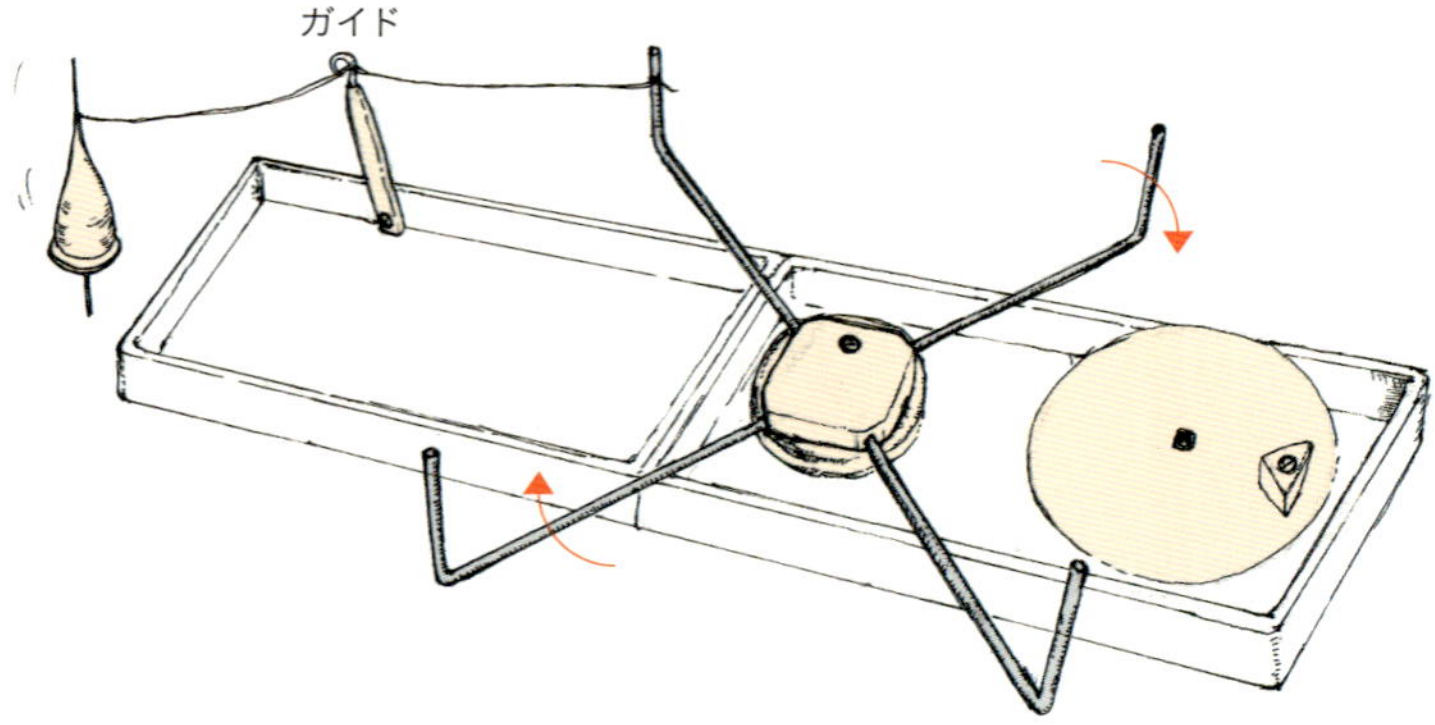

※チャルカのかせ車の四角の一端（L型金具からL型金具まで）は25cm、四辺で1m。鴨川和棉農園では、通常200回転して200mのかせを作っている。インドでは通常　500mを1かせとしているし、100mを1かせとしても良い。都合のよい長さに決めれば良い。

上手に巻き取るコツ

紡いだ糸をスピンドルからかせに巻き取る時に、スピンドルの糸に適度に引っ張る力（テンション）をかけておかないと、糸がたるんだ状態（糸がくるくるとねじれた状態）でかせに巻き取られてしまう。糸がするすると出るままに巻き取るのではなく、手でスピンドルを軽く押さえ、スピンドルの回転にブレーキをかけテンションをかけながら巻き取る。1回転で1mなので、100回転か200回転で1かせとする。

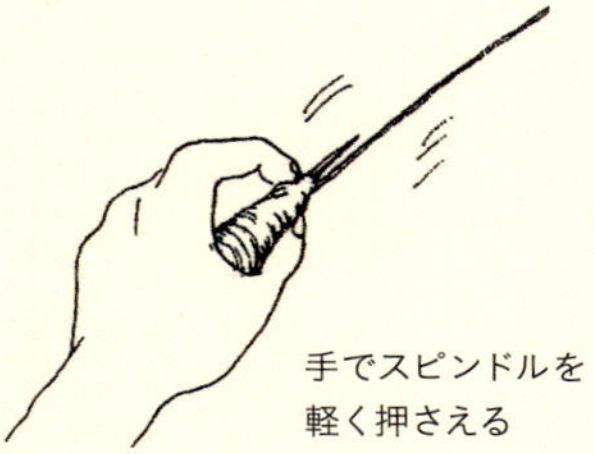

■かせの始末

❶ 100または200回転（100〜200m）をかけ終えたら、巻き始めの糸をほどく。

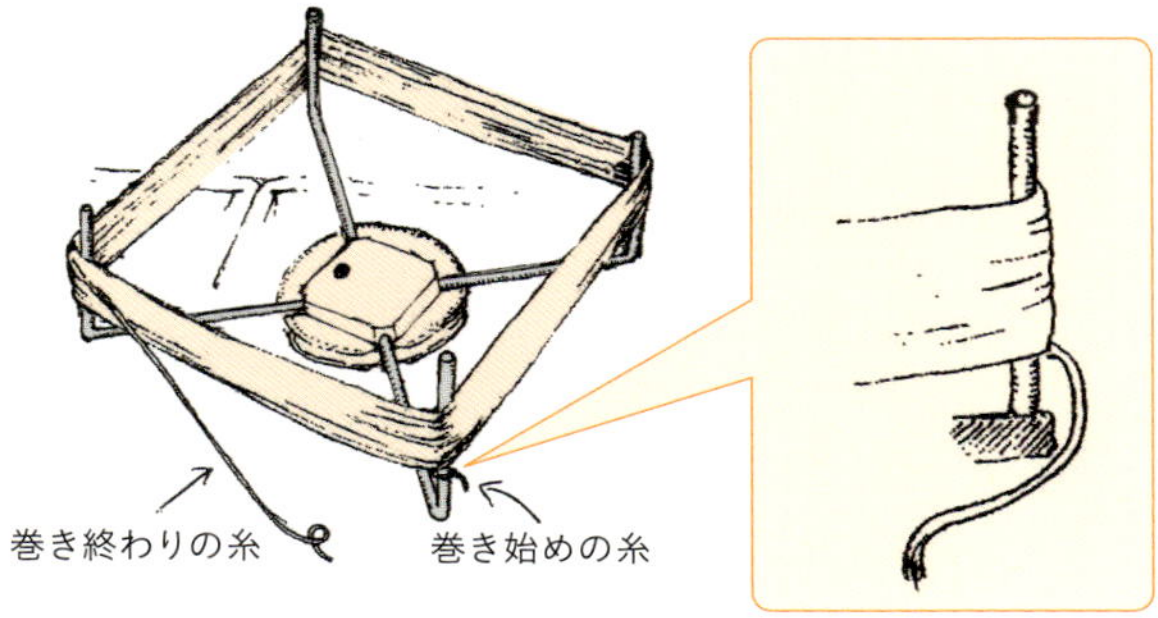

❷ ほどいた巻き始めの糸と、巻き終わりの糸を交差させる。この両端の糸に、指でさらに撚りをかけておくと、強度が増して作業がしやすい。

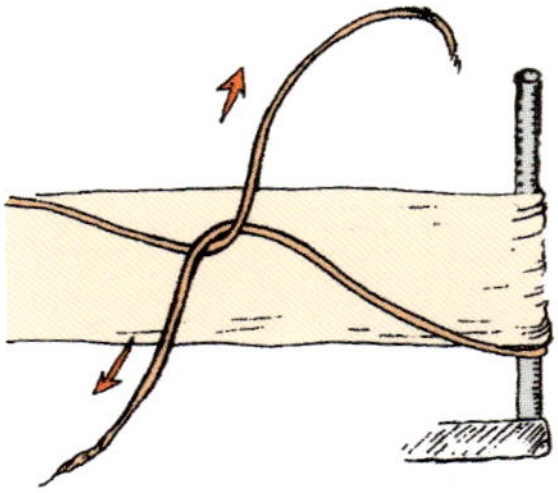

❸ かせの束の半分位のところをほどいて、そこに、巻き始めの糸と巻き終わりの糸を互いに違う側からくぐらせ、8の字の輪をつくる。

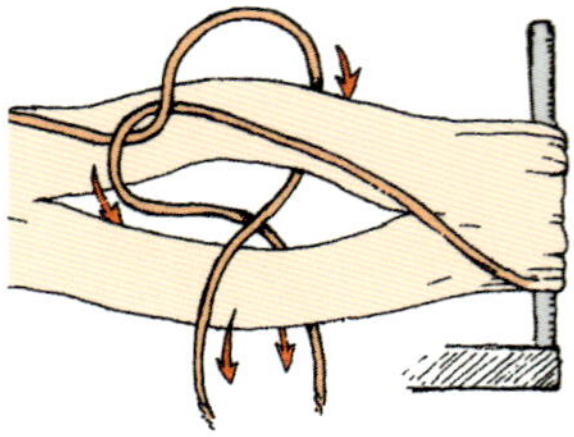

❹ そのすぐ横に、同じ要領で別糸の8の字の輪をつくり、それぞれかた結びする。この輪はゆるめに作る。別糸には、タコ糸、ビニールひも、あるいは麻ひもを使う。色が落ちるような糸は使わない。例えば、縦糸用に紡いだものにはタコ糸を使ったり、ワタの品種別にヒモを変えると後からわかりやすい。

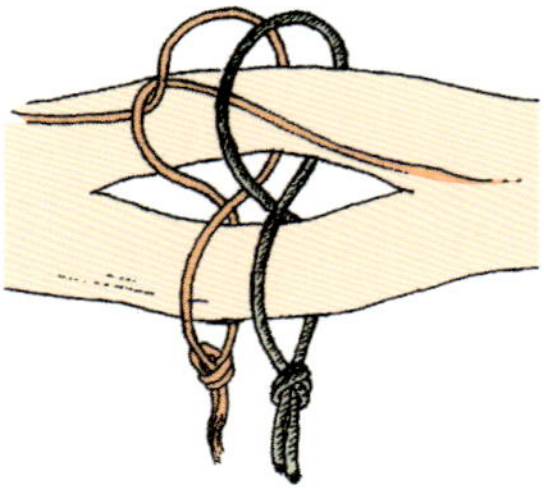

❺ この対角にもうひとつ、別糸を使って8の字の輪をつくる。

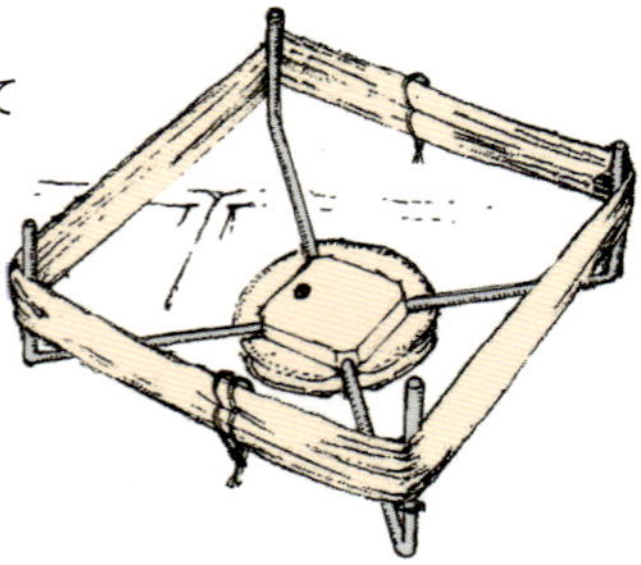

❻ かせをかせ車から外し、右・左の人差し指で広げる。この時、別糸の輪の位置が、両端の指側ではなく、中央位になるようにする。

⑦ かせを緩めると自然とねじれるので、ねじれた向きと反対方向に、かなりきつくなるまでねじる。

⑧ ねじったかせの中ほどを半分に折ると、中央で自然とねじれるので、ねじれる方向にさらに撚りをかける。

⑨ 人差し指を抜き、片方の空いた穴にもう一方の端を差し込む。

⑩ 形を整えて完成。

■かせの保管

ワタは湿気をよく吸うので、良い状態で保管するには厚めのポリ袋などに入れて密閉しお茶箱や発砲スチロール箱等に入れておきます。

かせの精練

紡いだ糸は、原始機や高機などで織る場合、必ず精練をします。精練は、糸の汚れなどを取り、糸の強度を増し、撚りを止めるためにします。一般に、機械糸（紡績糸）の場合には、石けんや化成ソーダを入れた液で精練しますが、畑で育てたワタで手紡ぎした糸は、何も入れずに水だけで精練をします。

■精練の方法

火にかける前に、ワタは繊維に油分があって水を含みづらいので、よく水に浸して水になじませます。しっかりと水になじんだら、軽くしぼり、かせの量に対してたっぷりの水（お湯でもどちらでも構いません。）を入れた鍋にかせを浸し、沸騰させます。この時、かせが水面上に出ないように、落とし蓋をするか、ときどき木べらなどでかき混ぜてください。沸騰してから、30分以上煮ます。よこ糸にするかせは、手で扱えるくらいまで冷めた後、よく絞り、よく乾かして保存しておきます。たて糸にするかせは、よく絞った後、乾かさずに、引き続きのりづけ作業をします。精練とのりづけまでの作業をする時には、その日のうちに干しあがるように、良く晴れた日を選びます。午前中早くから、できるだけ素早く作業を終えます。もし、その日の夕方までに乾燥が終わらないようであれば、室内のストーブの上などで良く乾かすようにします。湿ったままで何日も置くとカビやすいので、その後の保管も含めて注意が必要です。

かせののりづけ

たて糸の、のりづけは、手紡ぎ糸でハタ織りをする時に、とても重要です。のり付けは普通、たて糸にだけします。たて糸はハタ（機）にかける時、強く引っ張られ、また、おさやそうこうで何回もこすられるので、糸が切れやすく、切れた糸を1本1本補修するのに手間がかかるので、たて糸が切れるか切れないかが非常に大事なことになります。これに対して、機械糸（紡績糸）をたて糸に使う時は、機械糸は撚り（より）が強く、しかも単糸ではなく何本かの細い糸を撚り集めたものなので、のりづけをしなくても滅多に切れることは無いため、一般的にたて糸でものりづけをしなくても織ることができます。

■用意するもの

のり…小麦粉と水でつくります

●水1ℓに対して小麦粉100ccの割合で、かせの量に対してあまるほどたっぷり用意します

かせ、のりを作る用の鍋、木べら、泡立て器、たらい（ボールや洗面桶など、かせが充分広げられる大きさ）

❶ 分量の小麦粉に水を少しずつ入れながら、泡立て器のようなもので、小麦粉がダマにならないように溶かしながら水を入れていく。細かい小麦粉のダマは残っているくらいでよい。

❷ ❶を中火にかけ、木べらでかき混ぜながら煮立たせる。煮立ってグラグラと泡が出始めてから1〜2分ほどよくかき混ぜ、のり状になったら火を止める。※鍋底が焦げ付きやすいので注意しながらよく混ぜる。

❸ たらいにかせを均等に並べ、熱いのり状の液をまんべんなく注ぐ。木べらなどを使って、かせにのりが充分に浸るようにする。

❹ 10分ほど経ち、のりが冷めて素手で扱えるようになったら、糸の芯までのりがしみ込むようにこすりながら揉み込む。

❺ のりを充分に揉み込んだら、液が垂れない程度にかせを絞り、余分なのりを落とす。

❻ 物干し竿にかけて、かせの下を片方の手で引っ張りながら、軽くかせをさばき、固まりをほぐす。（かせをたるませずに、糸に張りを持たせながらほぐすようにする。）

❼ 30〜60分ほど経って、少し乾きかけた頃、再びかせをさばき、のりで固まっているところをほぐす。これを2〜3回くり返す。

❽ 糸を手でさわってみて、ピンとはりができていたら完成。

※かせの始めと最後のくくり目と反対側のくくり目（8の字にしばったところ）が乾きずらいのでよく乾くまで干すこと。乾いたら、ただちに整経にとりかかるか、すぐに使わない場合はビニール袋などに密閉して保存する。

Part 3

原始機で布を織ろう

原始機（リジット機）は、「おさ」と「そうこう」とたて糸を止める板と「杼（ひ）」に分かれていて、「おさ」で手を上げ下げし、「杼（ひ）」でよこ糸を渡して織ります。

■用意するもの

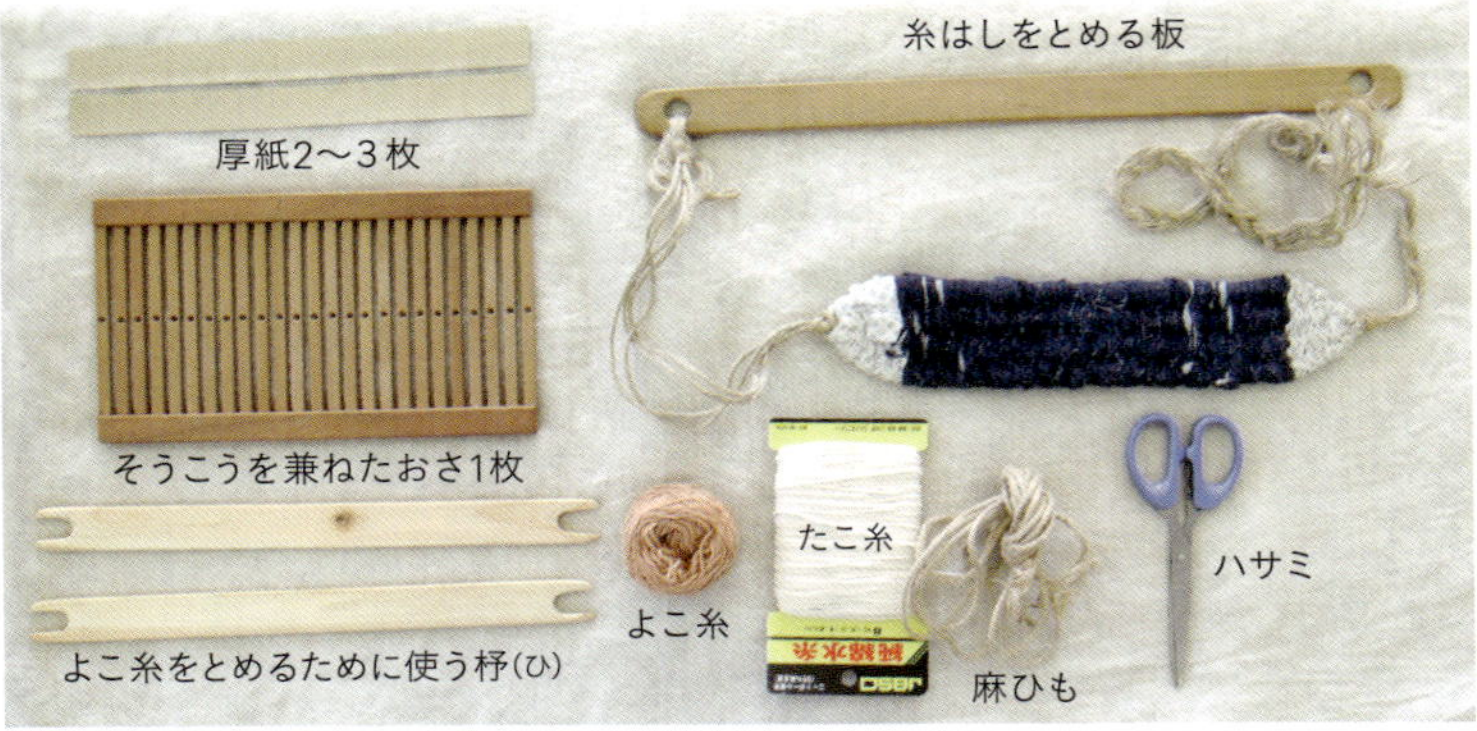

■たて糸の整経

たて糸を張る工程を整経といいます。織り上がり寸法に、約50cmを足した長さのたて糸を用意します。テーブルの足などにぐるぐると糸をかけて必要な長さに揃えます。1周巻くことで2本分のたて糸がとれることになりますので、例えば100本のたて糸が必要な場合は50周巻く事になります。たて糸の本数は、おさの織りたい幅に何個の穴とすき間があるかを数えて決めます。たて糸に必要な長さと本数を巻き終わったら、巻き終わり口と反対の端を麻ひも(またはたこ糸)で強く結んで固定し、そこに長さ1～2mの麻ひもを再度結びます。左右の糸束の真ん中あたりを糸が絡まないようにするため、左右2カ所を蝶結びにします。その後、たこ糸で結んだ方と反対側の端をハサミで切ります。

❶ 整経したたて糸の、たこ糸で結んだ端の部分を、柱などに結んで固定する。（座ったときの手先より、15度位、上めの位置に結ぶ。）

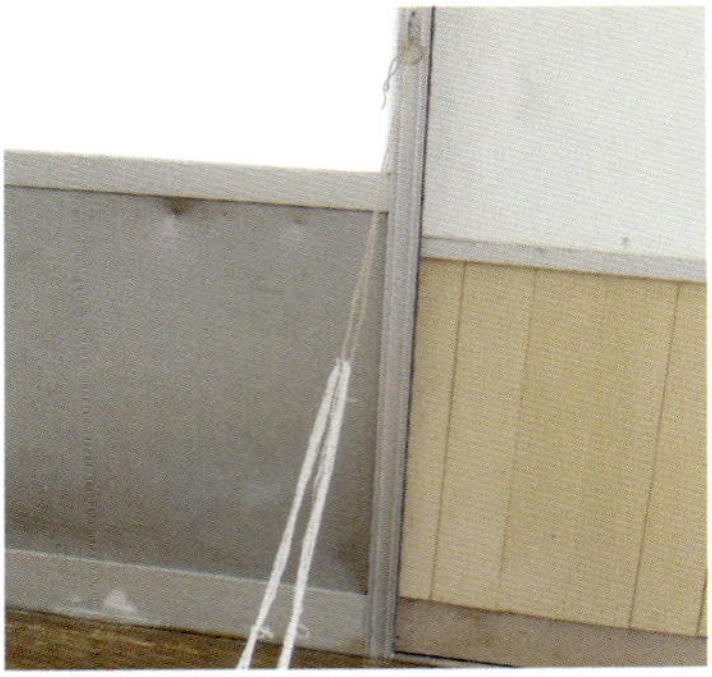

❷ たて糸を広げ、手前におさを立てて通す。この時、まずたて糸２つの束をはずし、おさの中央から右に、穴➡すき間➡穴➡すき間の順で糸を通していく。次に、もう片方の糸束を中央より左へ、同様に通していく。

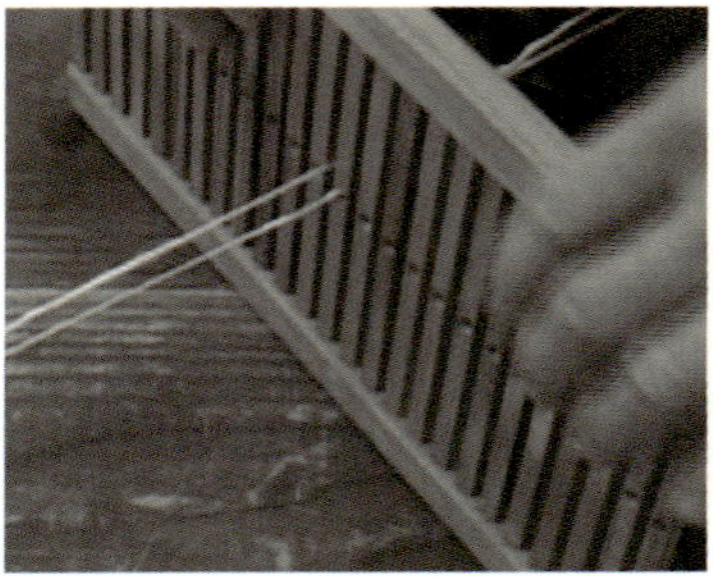

❸ 全て通し終わったら、糸はしを止める。板の両端に麻ひもを通し、自分の腰に板を固定する。

腰に結んだ板に、たて糸を4〜6本ずつの束にして結ぶ。

POINT

たて糸全体の中央をまず結び、次に右端、左端、次に真ん中…と結ぶと、糸を均一に張ることができます。

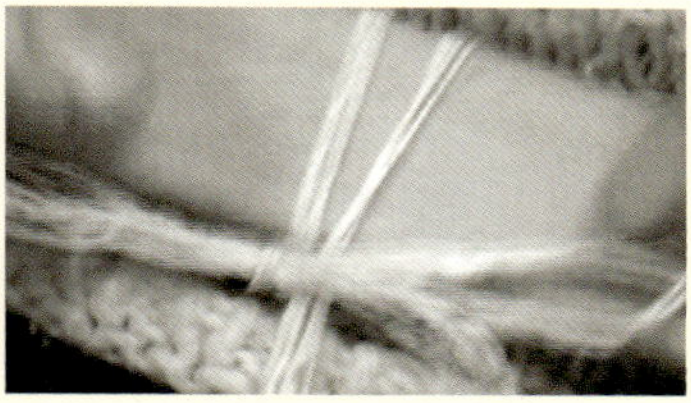

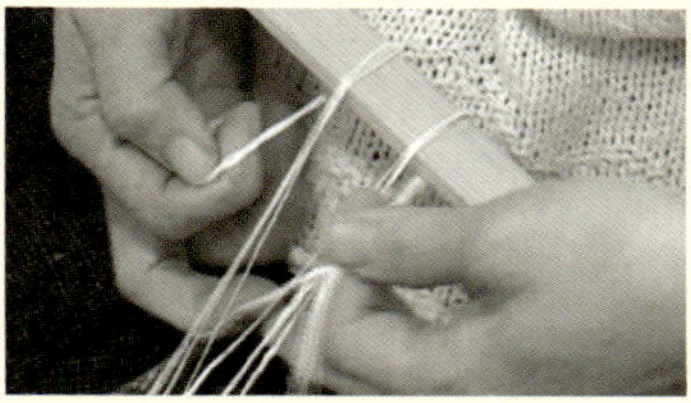

はじめに結んだ束がぴんと張るように自分の体で引っ張り、残りの糸も同じ張りになるように結ぶ。結び方は、手前に持ってきた糸を穴からの糸、すきまからの糸、とふたつに分けると結びやすい。

❹ おさを上下し、たて糸の通し忘れがないか、同じところに2本入っていないか、たるんでいないか確認する。たるんでいる場合は、手前の板に結んだ糸束を一度はずし、1本1本しごくようにしてテンション（張り）を整え、再度結びなおす。

■よこ糸の準備

右の写真のように、よこ糸を杼（ひ）に巻きます。巻く厚さは1cm位までが織りやすい糸の量です。

■織りかた

❶ おさを持ち上げると、たて糸が上下に分かれる。この間に杼（ひ）でよこ糸を通して織っていく。

❷ 始めに厚紙を2〜3枚ほど織り込み、織り目を整える。おさを上にして厚紙を入れ、おさを手前にすべらせる。次におさを下にして、厚紙を入れ、おさを手前にすべらせる。

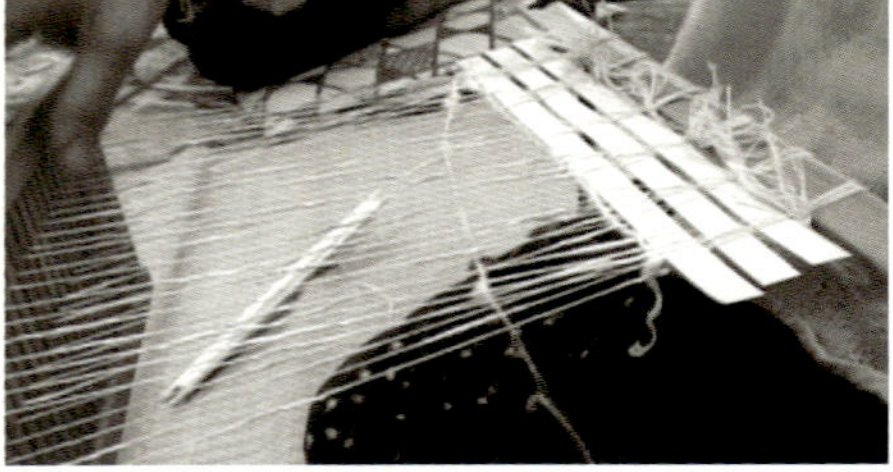

❶ よこ糸を織り込む。織り始めのよこ糸は杼（ひ）から少し引き出しておいて、上下に 分かれたたて糸の間に通し、弧を描くように渡す。これはよこ糸に程よく緩みを持たせるためで、緩みがないと織り込むうちに、両端が引っ張られてしまい、織り幅が狭くなってしまう。

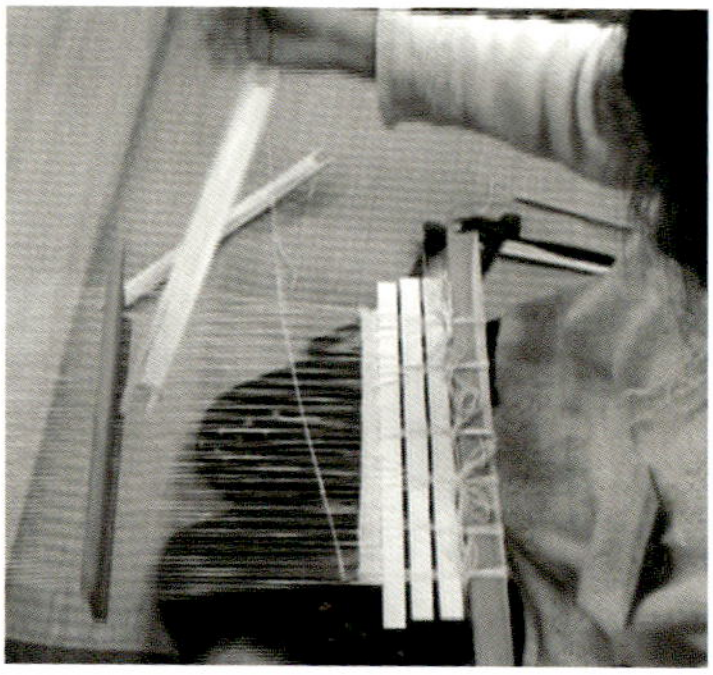

❷ おさを手前にすべらせ、厚紙を織り込んだときと同様によこ糸を打ち込み、これを繰り返して織っていく。おさを手前にすべらすとき、強く打ち込むと目のつんだ布が、弱く打ち込むと目の粗い布を織ることができる。

■織りが進んで織りにくくなったら

50〜60cm織り進んで腕の長さを越えると、杼(ひ)や、おさが操作しずらくなってくるので、腰につけている板の片側のヒモをはずし、織った布を外まわりに巻きつけます。

次に、はずしておいたヒモを、板と自分のお腹の間が10〜15cmになるように再度結びます。このヒモは、板にぐるぐると外まわりに、左右1〜2回巻きつけて、布を巻いた板が自分のお腹にくっつくようにしてとめます。

■ふさを作る

織り終わったら、ふさの部分を残して、たて糸を切ります。手前側もはずすか切るかして、両端がほつれないように、下図のようなふさを作って出来上がりです。

1.片結び

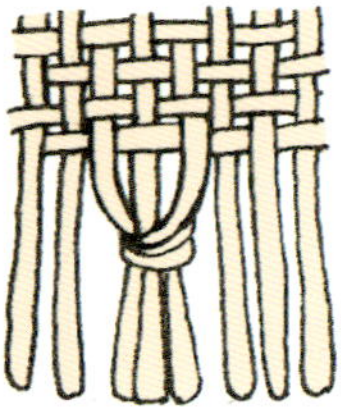

数本をまとめて片結びする。

2.ネクタイ結び

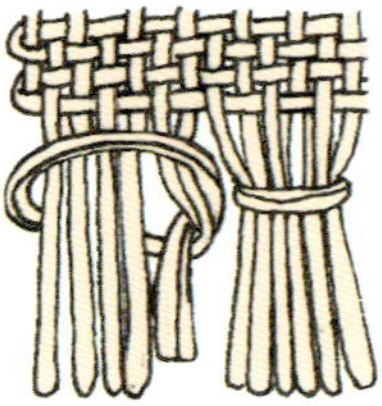

6〜8本を1束としてそのうちの2本で片結びする。

3.撚り合わせ

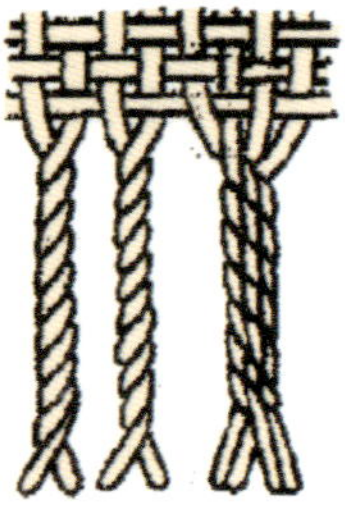

まず2〜3本をまとめ、糸の撚りと同じ方向に撚る。その後、この2つの束を逆方向に撚ってまとめる。

4.三つ編み

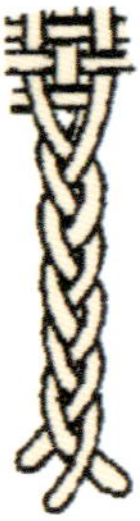

普通の三つ編み。四つ編みもある。